KB083522

그렇게 물리학자가 되었다

그렇게
물리학자가 되었다

1판 1쇄 인쇄 2022년 6월 13일 **1판 1쇄 펴냄** 2022년 6월 24일

지은이 김영기·김현철·오정근·정명화·최무영
펴낸이 이희주 **편집** 이희주 **교정** 김란영 **디자인** 전수련
펴낸곳 도서출판 세로 **출판등록** 제2019-000108호(2019.8.28.)
주소 서울시 송파구 백제고분로 7길 7-9, 1204호 **전화** 02-6339-5260
팩스 0504-133-6503 **전자우편** serobooks95@gmail.com

© 김영기·김현철·오정근·정명화·최무영, 2022
ISBN 979-11-979094-0-5 03400

그렇게
물리학자가 되었다

김영기 ★ 김현철 ★ 오정근 ★ 정명화 ★ 최무영 지음

세로

우리 곁의 물리학자 이야기

어린 시절엔 위인전을 읽는다. 위인전에 등장하는 인물 중엔 물리학자가 많다. 갈릴레오, 뉴턴, 아인슈타인, 마리 퀴리의 이름을 누구나 알고 있는 이유는 과학 교육이 아닌 위인전 덕분이다. 그런데 막상 전공과 직업을 정할 나이가 되면 물리학자가 되겠다는 사람이 확 줄어든다. 나는 그들에게 '과학자 삼촌'이나 '과학자 이모'가 없었던 게 가장 큰 장애물이었단 생각을 한다. 때때로 집에 놀러 와 저녁밥을 함께 하며 과학의 미묘함을 친근한 언어로 풀어 줄 그런 존재 말이다. 세계적인 물리학자의 일대기를 훑어 보면 가까운 인물이 그들의 인생을 과학으로 이끄는 촉매로 심심치 않게 등장한다. 실제 가족이 아니더라도, 책이나 영상으로 만나는 이모, 삼촌도 좋다.

위인은 과거에 살았지만 현재의 사람들에게 미래를 보여 주는 존재다. 대한민국이 건국되고 몇 세대가 지나며 경제적 자산뿐 아니라 문화적 자산도 많이 쌓였고, 자랑할 만한 과학자들이 생겼다. 우리 과학자들의 이야기를 새 세대에게 들려줄 때가 되었다.

이 책이 소개하는 다섯 명의 물리학자는 각자의 분야에서 대단한 성취를 일구었다. 그들의 인생이 탄생부터 비범했을까? 평범도 비범도 아니다. 우여곡절과 망설임과 후회와 아쉬움과 약간의 운과 몇 차례 중대한 결단이 얽히고설켜 짜인 것이 우리 인생이듯, 삶이 먼저고 그 속에 과학자가 있다. 이 책은 각자의 인생 궤도 속에서 과학자의 길을 발견하고, 물리학이라는 향연을 즐긴 이들의 진솔한 고백을 담은 자서전이다. 전공 분야도 나이도 성별도 다르지만, 저자들은 이구동성으로 그들 인생에서 가장 중요한 것이 인연이었다고 강조한다. 인생은 '운이 7할, 노력이 3할'이라는데, 운이란 게 다름 아닌 적당한 때 바른 사람을 만나는 것이었다. 독자가 이 책을 만나는 것도 그 7할의 운 중 하나라고 확신한다.

저자 중 한 분인 최무영 교수님이 임용 직후 맡으신 통계 역학 수업을 내가 들으며 그분의 젊음에 놀랐던 추억이 생생한데, 어느새 정년퇴임을 맞으신다고 한다. 에누리 없이 흘러가는 세월을 이기는 최선의 방법은 기록을 남기는 것이다. K라는 수식어가 대유행인 이 시대에 K-물리학자의 K-일대기를 정갈한 언어로 엮어 낸 책이 나왔다. 세 명의 과학자 삼촌과 두 명의 과학자 이모가 들려주는 사연에 귀 기울이다 보면 누구라도 "물리학은 당신이 상상할 수 있는 가장 멋진 학문입니다"라는 말에 고개를 끄덕이게 될 것이다.

한정훈
성균관대학교 물리학과 교수, 『물질의 물리학』 저자

〈일러두기〉

1. 인명, 지명, 기관명 등은 국립국어원의 외래어 표기법에 따랐습니다. 단, 관례로 굳어진 경우
   관례를 따랐습니다. 예를 들어, Ann Druyan은 표기법상 '앤 드리앤'이지만, 국내 번역서
   저자 표기를 따라 '앤 드루얀'으로 썼습니다.
2. 책 제목은 『 』, 논문이나 단편 제목은 「 」, 잡지명은 《 》, 영화나 예술 작품 제목은 〈 〉로
   표기하였습니다.

차례

"과학은 우리가 알고 있는 것을
기념하는 일이 아니라,
우리가 모르는 것을 탐색하는 일이다."
_ 아서 에딩턴

정

명

화

★── 서강대학교 물리학과 교수. 성균관대학교 물리학과를 졸업하고 일본 히로시마대학교에서 물성물리학 연구로 박사학위를 받았다. 미국 로스앨러모스국립연구소에서 박사후연구원, 한국기초과학지원연구원에서 선임연구원으로 근무했으며, 2008년부터 서강대학교 물리학과 교수로 재직 중이다. 지금까지 약 300여 편의 SCI 논문을 게재했고, 2018년 한국자기학회 혜슬선도과학자상, 과학기술정보통신부 선정 '2019 올해의 기초연구자', 2020년 국가연구개발 우수성과 100선, 2021년 한국물리학회 학술상 등을 수상했다.

이보다 더 나은
선택은 없다

나는 고등학교 시절까지 물리 과목을 배워 본 적이 없다. 물리학과 대입 면접 중 면접관이 물리학과에 지원한 동기를 묻자 앞이 깜깜했다. 생각 나는 거라곤 아인슈타인 이름밖에 없어서 "아인슈타인을 좋아해서요"라고 대답했다. 황당한 표정으로 나를 바라보던 면접관 교수님의 얼굴이 지금도 생생하다.

내 꿈은 물리학자가 아니었다. 요즘은 어떤지 잘 모르겠지만, 우리가 어릴 때 어른들은 툭하면 "꿈이 뭐야?" 혹은 "장래 희망이 뭐니?"라고 묻곤 했다. 나 또한 초등학교도 들어가기 전부터 이런 질문을 많이 받았고, 자라면서 내 꿈은 수시로 바뀌었다.

문구류를 예쁘게 포장하는 언니가 될 거야~

초등학교 초년까지 나의 꿈은 학용품점에서 예쁘게 포장하는 언니가 되는 것이었다. 어린 시절 학용품을 모으고 선물하는 것을 좋아했던지라 문구류를 예쁘게 포장하는 언니들의 모습이 너무 아름다워 보였다. 내가 사용할 학용품도 꼭 포장해 달라 부탁하고 옆에 바짝 붙어서 지켜보곤 했다. 이렇게 유년 시절과 초등학교 초반까지 나의 장래 희망은 예쁘게 포장 잘하는 언니였다. 이런 나의 어설픈 꿈은 주위 사람들에게 곧잘 웃음을 주기도 했다. 이후 초등 3학년이 되어 존경하는 담임 선생님을 만나면서 꿈이 바뀌었다. 선생님은 나를 매우 귀여워해 주셨고 나의 일거수일투족을 주의 깊게 살펴보시곤 했다. 담임 선생님은 어느 날 내게 "너는 아이들을 좋아하니, 소아과 의사를 하면 좋겠네"라고 말씀하셨다. 그날부터 나의 장래 희망은 소아과 의사가 되었다. 사실 그땐 의사라는 직업이 정말 나랑 맞을지 어떨지도 잘 모르고, 그냥 내가 존경하는 선생님의 말씀이니 무조건 옳은 판단이려니 여겼다. 그렇게 소아과 의사라는 꿈은 흘러흘러 고등학교 초반까지 유지되었다.

초등학교 때부터 쭉 좋아하는 과목은 수학이었다. 중학교 때는 수학 선생님의 권유로 '수학반'이라는 동아리에도 들어갔다. 원래 동아리는 특별 활동 과목이었지만, 우리는 특별 활동 시간에 수학반에 모여 전국 수학경시대회를 준비했다. 국어 과목은 문장을 모두 읽고 이해해야 문제를 풀 수 있었기 때문에, 당시 책 읽기를 그리 좋아하지 않았던 나는 가끔 정답을 보아도 왜 이게 답인지 이해하기 힘들었고, 전과나 풀이집을 보아야 이해하는 수준이었다. 역사나 사회 과목은 일단은 외워야 문제를 풀수 있었기에, 이 또한 내 적성과 맞지 않았던 것 같다. 적어도 당시에는 그랬다. 반면에, 수학이나 과학 과목은 근본적인 공식이나 법칙만 잘 이해하면 문제를 풀 수 있고, 숫자를 통해서 하나의 답을 명쾌하게 얻어 낼 수 있다는 점이 매우 매력적으로 느껴졌다. 그래서 나는 고등학교 때 망설임 없이 인문계가 아니라 자연계를 선택했고, 그때까지는 진로에 대해 별다른 고민이 없었다.

얼떨결에 지원한
물리학과

우리 학년이 고등학교에 진학할 무렵, 다니던 중학교의 재단에서 고등학교를 신설했다. 나는 담임 선생님을 포함한 교감·교장 선생님의 권유로 같은 재단의 신설 고등학교에 진학하게 되었다. 경기도 평택이라는 소도시에서 상위권의 학생이 같은 재단 학교로 진학을 해야 학교가 발전할 수 있다는 압박이 작용했던 것 같다. 부모님은 내가 더 좋은 고등학교에 가기를 바라셨지만, 교장 선생님까지 집에 찾아와 부탁하시는데 뿌리치실 수가 없어 입학을 수락하셨다. 교장 선생님은 내가 상위 4개 대학교에 진학하면 전 학년 장학금을 지급하겠다고 약속하셨고, 나도 나쁘지 않은 선택이라고 생각했다. 그런데 신설 학교이다 보니, 학교에 선생님들이 많지 않았다. 국사 선생님이 일본어도 가르치시고, 중학교 사회 선생님이 고등학교 사회 선생님이 되기도 하셨다.

2학년 때 자연계와 인문계로 나뉘면서 상황은 더 심각해졌다. 한 학년이 세 반 정도인 사립 여자 고등학교였는데, 당시만 해도 여학생들은 대부분 인문계를 선호했다. 결과적으로 자연계를 선택한 학생은 나를 포함해서 40여 명이 다였다. 그러다 보니 소수의 자연계 학생들을 위한 과목은 제대로 열리기도 힘들었다. 그런 와중에도 나는 중학교 때와 마찬가지로 수학반 동아리 활동을 지속하였다. 사실 중학교 수학반에서 고등학교 수학을 이미 많이 배운 터라 고등학교 시절에 수학은 문제를 모두 풀고도 시험 시간이 남을 정도의 실력을 갖추고 있었다. 때로는 수학 선생님 대신에 내가 반 아이들에게 수학을 가르칠 정도였다. 3학년 때는 담임 선생님이 수학을 담당하고 계셨기 때문에 나는 더욱 탄력을 받아 수학에 전념할 수 있었다. 선생님은 나에게 큰 꿈을 심어 주고자 항상 노력하셨고, 나는 그런 담임 선생님을 매우 존경하고 따랐다.

새로 만들어진 고등학교에는 선생님이 많지도 않았고 학생 수도 적었지만, 학생들을 좋은 대학에 보내고자 하는 선생님들의 열정만은 매우 컸다. 대학을 갓 졸업한 명문대 출신의 선생님들이 주요 교과목을 가르치셨고, 젊은 선생님들의 교육에 대한 열정도 남달랐다. 학교는 인문계 3명과 자연계 1명의 상위권 학생들을 선출하여 따로 개인 학습 지도를 시작했는데, 내가 그 한 명의 자연계 학생이었다. 우리는 특수반이라는 명목하에 거의 매주 모의고사를 따로 보고 선생님들의 특급 지도를 받을 수 있었다. 특수반은 정규 수업 시간에 참석하지 않아도 되고, 따로 공부하는 교실도 배정받아 자유롭게 공부할 수 있었으며, 언제든 선생님들과 밀접 접촉을 통해서 맞춤형 학습 지도를 받을 수 있었다. 당시는 학원과 과외가 금지였고, 학교들이 저마다 어떻게 하면 진학 실적을 높일까 골몰하는 가운데 이런 식의 특별반이 공공연히 운영되었던 것 같다. 나는 어릴 때부터 극심한 빈혈이 있어서 아침 조례는 거의 참석한 적이 없고 체

우리는 특수반이라는 명목하에 거의 매주 모의고사를

따로 보고 선생님들의 특급 지도를 받을 수 있었다.

그러면서 언제부터인가 장래 희망 같은 건 까마득히 잊고,

명문대에 진학하겠다는 목표만 남고 말았다.

특수반 교실에서 자율학습 중인 고3 때의 저자. 1990년.

육 시간에는 교실을 지키는 일이 허다했기 때문에, 이런 특수반이라는 제도의 덕을 톡톡히 보았다. 고등학교 3학년이 되면서는 체력이 더욱 안 좋아져서 그나마 학교에도 거의 가지 못했고, 중간·기말시험도 집에서 치러야 하는 경우가 많았다. 이 밖에도 특수반 학생들에게는 다양한 혜택이 주어졌다. 열정 많은 젊은 선생님들은 본인들이 다녔던 대학교에 우리를 데리고 가서 견학시키며 명문대에 진학해야 하는 목표를 심어 주고자 노력하셨다. 그때는 그랬던 것 같다. 그러니까 전공할 학과보다는 어느 대학에 가느냐가 우선이었다. 이런 특급 혜택을 누리는 고등학교 시절을 보내면서 언제부터인가 장래 희망 같은 건 까마득히 잊고, 명문대에 진학하겠다는 목표만 남고 말았다.

드디어 대학교에 진학해야 하는 고등학교 3학년 말이 되었고, 나도 남들과 같이 성적에 맞는 대학교에 원서를 냈다. 지원한 학과는 물리학과가 아니었는데, 원하던 대학에 합격하지 못했다. 당시 대입 시험은 요즘 수능처럼 모든 학생이 같은 문제를 푸는 '학력고사'였지만, 먼저 대학과 학과를 정해 지원한 후에 시험을 보는 이른바 '선지원 후시험' 방식이었다. 시험은 12월(전기)과 다음 해 1월(후기)로 구분되어 치러졌는데, 전기에 모집하는 학교가 대부분이었다. 전기에 탈락하면 후기에 지원할 수 있었지만 후기에 학생을 모집하는 대학은 그리 많지 않았다. 후기에 모집하는 곳에는 교장 선생님이 장학금을 지급하겠다고 약속한 상위 4개 대학교가 없기도 해서 나는 망설임 없이 재수를 선택했다. 고등학교 모의 시험 점수로 서울에 있는 이름난 입시 학원에 등록할 수 있었다. 그런데 이렇게 재수 생활을 준비할 즈음인 1월에 담임 선생님의 권유로 후기 시험을 치르게 되었다. 후기를 실전 시험의 연습으로 생각하고 한번 보라는 말씀이었고, 나도 나쁠 것 없다고 생각했다. 담임 선생님은 당신 마음대로 대학과 학과를 정해서 지원서를 작성해 주셨고, 나는 어차피 갈 대학도 아니니 어디든 상관없었다. 이것이 내가 물리학자가 되는 중요한 선택이었다는 것을 당시에는 전혀 알지 못했다.

재수를 하느냐 마느냐, 이것이 문제로다

후기는 어렵지 않게 합격하였고, 혹시라도 재수해서 다시 떨어질 수도 있겠다는 생각에 성균관대학교 물리학과에 등록금을 납부했다. 일종의 보험이었다. 그런데 등록을 마치고 바로 휴학하러 학교에 갔더니, 휴학을 하려면 한 학기 수업의 3분의 1을 들어야 한다고 했다. 이렇게 나의 허황되고 밋밋한 대학교 생활이 시작되었다. 자연계 학생이 적었던 고등학교에는 물리 선생님이 계시지 않았고, 당연히 물리라는 과목은 배워 본 적도 없는 나였는데⋯ 물리학과라니⋯ 청천벽력과 같은 일이 벌어진 거다.

하지만, 대학 생활은 생각보다 나쁘지 않았다. 신입생 오리엔테이션 때 만난 선배들이 반강제로 나를 풍물패 동아리에 가입시켰고, 나도 동아리 생활이 흥미롭게 느껴졌다. 당시는 1991년도, 1980년대만큼은 아니지만 학생들의 민주화 요구가 계속되던 시절로 많은 대학생들이 시위를 하며 치열하게 보냈다. 나는 물리에는 관심도 없으니 수업에 안 들어가기 일쑤였고, 당연히 동아리방에 가는 일이 잦아졌다. 그러던 어느 날, 시위에 필요한 돌을 준비하기 위해 교내 도로의 보도블록을 깨고 있는데, 마침 일반물리학 수업을 하러 가시던 담당 교수님과 마주치게 되었다. 나는 자동적으로 벌떡 일어나서 인사를 했고, 교수님은 나를 본 듯 만 듯 지나치셨다. 죄송스러운 마음에 그날 수업에 들어갔더니, 교수님께서 학교 자산을 파괴하고 있는 한심한 학생을 보았다며 내 얘기를 하고 계셨다. 이런 식으로는 민주화가 될 수 없다고, 본인의 목소리에 힘이 생길 수 있는 큰사람이 되어야 한다고…. 그 말이 내 머릿속에 남았다. 교수님 말씀을 곱씹으며, 지금보다 더 나은 사회를 만들기 위해 영향력 있는 사람이 되고 싶다는 생각을 처음으로 했던 것 같다.

휴학을 할 수 있는 대학교 1학년 초반이 지나고, 재수를 위해 입시 학원으로 가야 하는 시점이 되면서 고민이 시작되었다. 자유로운 대학 생활을 조금이나마 접한 나는 다시 입시의 지옥으로 간다는 것이 두려워졌다. 당시 철학과에 재학 중이었던 오빠에게 고민을 상담했다. 오빠는 내게 A4 용지 한 장을 반으로 접어 던져 주며 '대학 생활을 유지하는 것'과 '재수 생활로 돌아가는 것'의 두 경우로 나누어 생각나는 모든 것을 적어 보라고 했다. 그리고 며칠 잊고 지내다가 마치 다른 사람이 적은 것으로 생각하고 객관적으로 그 글을 읽어 보면 답이 나올 수 있다는 해결책을 제시해 주었다. 그것이 철학적인 방법인지는 모르겠지만, 내가 처음으로 어떤 일을 스스로 선택하고 결정한 방식이었다. 며칠 뒤 그 종이를 다시 펼쳤을 때, 적어도 거기에 씌어 있는 내용은 대학 생활을 유지했을 때의 장점이 많았기에 나는 재수를 포기하고 본격적인 대학 생활을 시작했다.

수줍은 외침, "물리학자가 될 거야~"

대학 생활은 내게 그리 녹녹하지 않았다. 고등학교 시절에 물리라는 과목을 배운 적도 없고, 더구나 물리학과는 내가 선택한 전공도 아니었다. 고3 담임 선생님이 임의로 선택해 주신 학과였다. '일반물리학'은 대부분 고등학교에서 배우는 물리와 비슷해서 같은 학년 친구들은 모두 쉽게 이해했고, 따라서 교수님은 매우 빠르게 진도를 나갔다. 동아리 활동을 하느라 수업을 자주 빠지긴 했지만 좀 억울하다는 생각이 들 즈음에 일반물리학 1학기 중간시험 성적이 게시판에 공지되었다. 시험 점수는 학번과 함께 일등부터 성적순으로 적혀 있었고, 내 학번은 위에서부터 한참 아래에 있었다. 고등학교 때는 상상도 할 수 없는 일이라 말할 수 없는 수치심을 느꼈다. 이 수치심을 만회하고자 나는 다른 과목은 모두 제쳐 두고 물리학에만 집중하기로 마음을 먹었다. 기초가 부족하다 보니 고등학교 교과과정에 있던 문제들은 틀리기 일쑤였지만, 다른 친구들과 달리 대학에서 새로 배운 내용의 문제는 잘 풀어서 그럭저럭 성적은 계속 올라갔다.

대학 2학년이 되어 물리 전공 수업을 시작하면서 또 다른 고민이 시작되었다. 스스로 선택하지도 원하지도 않았던 전공 공부를 하면서, 그동안 잊고 지냈던 '나의 꿈, 장래 희망은 무엇인가' 하는 질문을 하게 된 것이다. 물리 전공 수업은 교재가 영문으로 된 원서인 데다가 내용도 깊어져 1학년 때 일반물리를 공부할 때와는 다른 차원의 어려움이 있었다. 물리학 전공을 포기하는 동기들이 속출하면서, 몇몇은 군대에 가고 몇몇은 휴학을 했다. 한 학년 정원 60명 중 여학생은 5명에 불과했는데, 4명의 여자 동기들마저 휴학을 하거나 전과를 하면서 나는 결국 유일한 여학생으로 남게 되었다. 미래에 대한 고민은 점점 깊어져만 갔다.

　　대학 2학년 초로 기억한다. 상담을 위해 1학년 시절 일반물리학 담당 교수님을 찾아뵙기로 마음을 먹었다. 당시는 교수님이 너무 어려워서 몇 달을 고민만 하다가 용기를 내어 교수님 연구실을 방문할 수 있었다. 수줍게 꽃다발을 하나 건네며 떨리는 목소리로 장래 희망에 대한 고민을 털어놓는 나에게 교수님은 별일도 아니라는 듯 무심히 '쯧쯧' 혀를 차시며 혼잣말하듯 말씀하셨다. "요즘 아이들은 큰일이야. 뭔가 행동하지도 않고 가만히 앉아서 고민만 한다니깐." 이 말을 들은 나는 마음에 큰 상처를 받았다. 어렵게 용기 내어 찾아뵙고 조심스럽게 고민을 털어놓는 나에게 한심하다는 듯이 말씀하시는 교수님이 정말 밉기까지 했다. 그렇게 한참을 헤매고 속을 끓이다 교수님에게 뭔가 보여 줘야겠다는 오기가 생기기 시작했다. '뭔가 해야 한다면, 그게 뭘까?' … '맞아, 난 물리학과

학생이니까, 일단은 물리 공부를 열심히 해야겠어!'라고 결심을 하였다. 딱히 원하는 것도 이루고자 하는 것도 없었기에 일단 주어진 것부터 열심히 해야겠다는 마음을 먹은 것이다. 이때의 생각이 결국 지금 내가 물리학자가 되는 큰 계기가 되었지만, 그때는 전혀 몰랐다. 그리고 늦게야 깨달았지만, 당시 교수님의 말씀은 무엇이든 행동을 해야 꿈에 다가설 수 있다는 뜻이었다. 행동하지 않고 가만히 앉아서 고민만 하면 그 어떤 것도 이룰 수 없다, 행동하면 조금 어긋난 길을 가더라도 다시 수정해서 나아갈 수 있고 조금 느리게 가더라도 언젠가는 목적지에 다다를 수 있다는 말이었다. 아마도 그때 교수님과의 대화가 없었다면 나는 지금 물리학자가 되지 못했을 것이다.

그때부터 물리를 본격적으로 공부하기 시작했다. 스터디그룹에서 친구들과 함께 문제도 풀고, 방학 때는 선배 노트를 빌려 예습도 하고…. 그러다 보니 성적도 오르고, 재미있게 느껴지면서 나도 모르게 물리학이 좋아지기 시작했다. 좋아해서 열심히 할 수도 있지만, 열심히 하다 보니 좋아지기도 하는 것 같다. 장래 희망이 물리학자라고 말하기 시작한 것도 이 무렵부터인 걸로 기억한다. 게다가 물리학과에 여학생이 거의 없다 보니 나의 일거수일투족은 얘깃거리가 되었고, 특히 공부 잘하는 여학생은 눈에 띌 수밖에 없었다. 그래서 물리를 더 열심히 했던 것 같다. 어찌 보면 다소 엉뚱한 이유로, 뒤늦게 물리학자라는 꿈을 갖게 된 것이다.

물리학자가 되고 싶다는 장래 희망은 생겼지만, 물리학 내에서 전공에 대한 지식은 거의 없었다. 하지만 물리 실험 교과목에 흥미가 없었고 양자물리에 매력을 느꼈던 나는 이론 입자물리학을 전공하기로 마음먹었다. 본격적인 이론물리학을 공부하기 위해 주변의 선배들처럼 연구실에 들어가고 싶었지만, 대부분의 연구실은 이미 대학원생들로 가득 차 있었다. 대학 2학년 학생을 받아 주는 교수님은 더더욱 없었다. 그때 마침 교수님한 분이 새로 부임하셨다. 교수님의 전공은 고체물리 실험이었지만, 나는 대학원 생활을 미리 경험해 보는 것이 좋을 것 같아서 학부 연구생을 지원했다. 부임하신 지 얼마 되지 않아 연구실에 대학원생이 거의 없었기 때문에 교수님은 나를 흔쾌히 받아 주셨다. 교수님은 단결정single crystal 성장과 관련한 실험 장비 구축에 필요한 일들을 주셨고, 나는 시키는 일들을 곧잘 해냈다.

　　4학년이 되면서 남들처럼 본격적으로 유학 준비를 시작했다. 하지만 장학금을 받는 조건으로 유학을 가기는 어려운 상황이었다. 교수님은 당신이 받았던 일본 문부성 장학금을 받을 수 있는 유학을 제안하시며, 일단 연구실의 석사로 진학할 것을 권유하셨다. 이 제안은 희망했던 입자물리 이론을 포기하고 고체물리 실험으로 전공을 바꿔야 하는 것이었지만, 유학에 대한 갈망이 더 컸던 나에게 전공 분야는 그리 중요하지 않게 여겨졌다. 이렇게 나는 유학을 잠시 보류하고 성균관대학교 대학원 물리학과에 입학했다.

　　석사 지도 교수님은 연구에서 성실함을 매우 중요하게 여기셨고, 나도 그 뜻을 따르려 노력했다. 대학원 생활에 적응하기 위해서, 허약한 체질에 내성적이고 낯가림 많은 나를 바꿔야 했다. 편식이 심했지만 가능하면 학식을 먹으려 애썼다. 여자라는 이유로 무시당하는 게 싫어서 오히려 육체적으로 힘든 일을 도맡아 하기도 했다. 권용성 지도 교수님은 일본 도호쿠Tohoku대학에서 광학 실험 전공으로 박사학위를 받으셨기 때문에, 광 측정을 위해 일본에 있는 가속기 연구소로 실험하러 가는 일이 종종 있었다. 가속기를 이용하면 에너지가 매우 낮거나 매우 높은 영역의 빛을 만들 수 있어서 넓은 영역의 광 특성을 연구할 수 있다. 한번은 교수님과 함께 일본의 극자외광연구시설UVSOR, Ultraviolet Synchrotron Orbital Radiation Facility에 실험을 하러 갔는데, 실험 중에 저온 용매로 사용하는 액체 헬륨(약 -270℃)이 진공 용기에서 새는 것을 보고 나도 모르게 손으로 막다가 손을 크게 덴 적이 있다. 어린 마음에 고가의 액체 헬륨이 손실되는 것을 막아야겠다는 생각이 앞서서 이런 사고를 치고 말았던 것이다. 모든 사고는 무지에서 비롯되는 듯하다. 아는 건 적고 열정은 넘쳤던 시기였다. 석사 1학년 때는 단결정 성장 및 극저온 물성 측정을 위한 새로운 장비를 구축하면서 대부분의 시간을 보냈다. 석사 2학년이 되면서 내 연구 주제와 관련된 실험 결과가 나오기 시작했다. 나는 지도 교수님이 박사과정 때 못다 한 연구를 이어받았는데, 주제는 '무거운 페르미온계의 광학적 특성 연구'였다. 무거운 페르미온계란 물질 내 매우 강한상호작용으로 인해 페르미온, 즉 전자(전자는 페르미온의 일종이다)의 질량이 커지는 거동을 보이는 물질군을 말한다. 나는 석사를 마치면서 당시로서는 드물게, 4편의 SCI 논문을 낼 수 있었다.

석사를 마치자, 지도 교수님은 말씀하신 대로 내가 일본으로 유학을 갈 수 있게 도와주셨다. 교수님과 도호쿠대학교에서 박사 시절을 함께 보냈던 동료가 일본 히로시마대학교 교수로 계셨는데, 교수님은 그분과 상의하여 나를 문부성 장학생으로 추천하셨다. 일본 문부성은 우리나라 교육부에 해당하는 기관으로, 다양한 형태로 해외 장학생을 모집한다. 나는 석사과정 때 게재한 논문 실적을 인정받아 어려운 일본어 시험 없이 유학을 가게 되었다. 문부성 장학생을 모집하는 대학, 즉 히로시마대학교에서 장학생 선발 권한을 가진 교수가 추천하는 장학생으로 선발된 것이다. 어학 시험은 면제였지만, 고등학교 때 학교에서 배운 일본어 실력으로 생활할 수 있을지… 많은 두려움이 몰려왔다. 부모님 곁을 떠나는 것이 처음이라 더 그랬다. 부모님은 여자인 내가 혼자 산다는 것에 매우 부정적이셨다. 대놓고는 아니더라도 사회적으로 여성 차별이 여전했고, 특히나 여자 물리학자가 거의 없던 시절이었다. 하지만 결국 부모님은 학문에 대한 나의 열정을 수용해 주셨고, 나는 무사히 일본 유학길에 올랐다.

일본으로 유학 오길
잘했어

일본에 도착하던 날, 어떻게 여기까지 왔는지… 앞이 깜깜했다. 이제 진짜 혼자가 되었구나! 나는 학교 근처 숙소에 짐을 대충 부려 놓고 바로 실험실로 갔다. 그리고 실험실에서 처음 만난 일본 학생에게 질문을 마구 퍼부었다. 처음 보는 실험 장비도 신기했고, 그 친구가 실험하고 있는 연구 내용도 궁금했다. 영어가 서툴렀던 그 일본 학생은 내게 친절히 답변하려 노력했지만, 일본식 영어는 알아듣기가 매우 힘들었다. '퍽퍽~' 소리를 내고 있는 장비가 뭐냐는 내 질문에 뭐라고 대답을 하는데, 그 영어를 도저히 알아들을 수가 없었다. 그러자 그 친구는 노트에 'pomp'라고 썼다. 알고 보니, 진공용 'pump'였다. 나는 그 친구가 민망할까 봐 제대로 된 영어를 알려 주지 못했다. 그날, 나는 그 친구와 함께 계획에 없던 밤샘 실험을 하고 말았다. 첫날부터 왜 그랬을까? 지금도 잘 모르겠지만, 아마도 혼자 숙소에 있기 싫었거나 혼자서도 잘해 내야 한다는 마음에 더 씩씩해졌던 것 같다. 내가 앞으로 지낼 실험실과 실험 장비가 궁금해서 한시라도 빨리 보고 싶었던 것도 같고….

　첫날부터 밤샘으로 시작해서 그랬는지 그 후로도 박사 시절은 밤샘하며 보낸 나날이 더 많았다. 한번은 사용법을 잘 모르는 저온 측정 장비를 사용하느라 홀로 여러 날 제대로 먹지도 못하고 밤샘 실험을 하다가 학교에서 쓰러지고 말았다. 정신을 잃어 응급실로 실려 가고, 놀란 지도

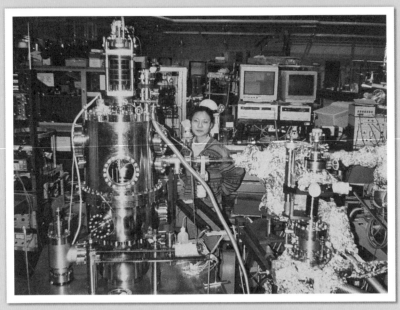

일본 극자외광연구시설에서 실험 중인 저자. 1995년 무렵.

석박사 시절에 새로운 장비를 셋업하고 고장난
장비를 수리하며 보내는 시간을 낭비라며 투덜거렸는데,
나의 노하우가 이렇게 유용하게 쓰일 줄 몰랐다.

교수님은 화를 내시며 부모님을 일본으로 불러 나를 한국으로 데리고 가라고까지 말씀하셨다. 나중에 알았지만, 지도 교수님은 화가 나신 게 아니라 자주 밤샘하며 무리하는 나를 걱정하셨던 거였다. 그 뒤로 다카바타케Takabatake 지도 교수님은 실험하는 나를 일부러 찾아와 살펴봐 주시고 간단한 간식거리도 슬쩍 놓고 가시는 자상한 분이 되셨다.

석사 시절에 종종 방문 실험했던 일본 UVSOR의 연구소는 해외에서 오는 연구자들이 많아 영어로 소통했기 때문에 큰 불편이 없었고, 어느 정도 우리나라와 비슷한 연구 분위기도 있었다. 하지만, 일본 대학원의 연구실은 많이 달랐다. 일본 대학원은 한 연구실에 교수, 조교수, 조수, 이렇게 적어도 세 명의 교수급 연구자가 있다. 교수가 연구실에서 가장 높은 권한을 가진 사람이지만, 그 교수의 역할을 조교수와 조수가 나누어 갖기도 한다. 또, 조교수나 조수가 교수와 다른 연구를 해도 상관 없다. 우리 연구실은 역할을 나누어 갖는 구조여서, 실제로 지도해 주시는 교수가 조교수나 조수인 학생도 있었다. 독일의 대학원 연구실과 비슷한 구조이다. 연구실에 만화책이 비치되어 있는 것도 신기했고, 연구실에서 샤부샤부를 해 먹으며 파티를 하는 분위기도 낯설었다.

실험 연구는 한 장비를 여러 명이 함께 사용해야 하기 때문에 소통이 중요하다. 따라서 일본 학생들과 원활한 소통을 위해서는 우선 일본어를 제대로 해야 했다. 다행히 문부성 장학생에게는 여러 가지 혜택이 주어졌다. 장학금 및 의료비와 같은 넉넉한 재정 지원은 물론이고, 일본어

를 무료로 수강할 수 있는 기회와 함께 '튜터tutor'라는 명칭으로 나를 전담하는 일본 학생을 짝지어 줘서 일본 생활 적응에 도움을 주는 제도도 있었다. 일본이라는 나라가 선진국이고, 공부하기에 좋은 곳이라는 생각을 처음으로 했다. 학생들과 소통하면서 일본어 실력이 나날이 좋아졌다. 한번은 집에서 혼자 요리를 하다가 뜨거운 냄비에 손을 대었는데, 나도 모르게 입에서 "아쓰이あつい~(앗, 뜨거워)"라는 일본어가 튀어나와 깜짝 놀랐다. 어느새 나는 생각도 꿈도 대부분 일본어로 할 정도로 일본 생활에 적응하고 있었다. 지금도 그렇지만 일본과 우리나라는 늘 가까우면서도 껄끄러운, 어색한(?) 사이다. 그래서 일본 학생들과 더욱 친해지려 노력했고, 정말로 친해져 좋은 친구 사이가 되었다. 몇 년 전에 다카바타케 교수님의 정년 기념 학회가 있었다. 저녁 만찬에 200여 명의 연구자들과 졸업생들이 모였고, 반가운 친구들을 만날 수 있었다. 20년 만에 친구들을 만나니 방언처럼 일본어가 쏟아져 나왔고, 친구들은 내 일본어 실력이 더 좋아졌다며 칭찬을 해 주었다. 우리는 20년 전처럼 수다를 떨다가 아쉬워하며 새벽이 되어서야 헤어졌다.

이제야 제대로 맛본
물리학

석사 지도 교수님이 박사학위를 받은 곳은 도호쿠대학의 가수야Kasuya 교수님 연구실이었다. 가수야 교수님(이하 K 교수님)은 원자 사이의 거리에 따라서 스핀의 방향이 바뀐다는 자기적 상호작용, 일명 RKKY^{Ruderman-Kittel-Kasuya-Yosida} 상호작용을 제안한 네 분의 이론물리학자 중 한 분이다. RKKY 이론은 이후 자성체 사이의 거리에 따라서 자화^{磁化}의 방향이 바뀌는 층간 RKKY 이론으로 확장되어 현재 우리가 사용하고 있는 하드디스크 드라이브의 GMR 헤드* 기술의 기반이 되었다. 일본으로 유학을 가게 된 연결 고리가 K 교수님이기도 했고 석사과정에서 진행했던 연구가 K 교수님과 관련 있는 주제였기 때문에, 나의 박사 연구 주제는 K 교수님이 제안하신 '매우 적은 전하운반자를 가지는 준금속^{semi-metal}에 대한 연구'로 정해졌다. 준금속이란, 전하운반자의 개수가 금속보다 적지만 반도체보다 많아서 금속과 반도체 사이의 저항값을 갖는 물질을 말한다. 최근에 응집물질물리 분야에서 주목받고 있는 그래핀, 위상절연체, 디랙^{Dirac} 물질 등이 이에 해당된다. 내가 연구했던 희토류 기반의 준금속은 전하운반자를 매우 적게 가지고 있지만 몹시 강한상호작용으로 인해 온도나 자기장 혹은 압력에 의해 자성 및 전도성이 크게 변화하는 물질이다.

K 교수님은 세계적으로 저명한 이론물리학자셨고 물리에 대한 열정이 남달랐다. 내가 일본으로 유학을 갔을 당시에 K 교수님은 도호쿠대학을 은퇴하셨음에도 자택에 개인 연구실을 두고 활발하게 연구 활동을 하고 계셨다. 교수님은 이론물리학자로서는 매우 드물게 실험 연구도 병행했기 때문에, 실제 실험에 기반한 물질이나 물성을 예측하곤 했다. 예를 들어, 오랫동안 콘도^{Kondo} 절연체로 알려진 물질이 불순물이 없는 상

---

* 자기장에 따라 전기 저항이 크게 변하는
  GMR(Giant Magnetic Resistive) 소자를 채용한
  고감도 하드디스크 드라이브용 헤드.

태의 이상적인 단결정이 되면 절연체가 아니라 반도체가 되리라고 예측하였고, 실제로 결정성이 좋아지니 절연체가 아니라 반도체가 됨이 밝혀지기도 했다.

중요한 물리적 특성은 대부분 저온에서 발현된다. 검출하기 어려울 정도로 소량의 불순물이나 결정성의 결함 등과 같은 외재적인 영향에 의한 물성도 저온에서 극대화된다. 따라서, 고순도 단결정을 만드는 일은 고체물리학 연구에서 매우 중요한 과제이다. 특히, 내가 연구하던 준금속은 전하운반자가 매우 적어서 외재적 요인에 민감하게 반응하기 때문에, 고순도의 단결정 성장이 필수적이었다. 나는 누구도 만들어 보지 못한 고순도의 단결정을 우선 만들어야 했다. 레시피가 없는 요리를 처음 시도하는 것과 같아서, 과정 하나하나가 고난과 실패의 연속이었다. 무엇보다도, 희토류 화합물의 특성상 공기 중에서 쉽게 산화되기 때문에 글러브 박스라는 아르곤 가스가 채워진 상자 안에서 모든 작업을 해야 했던 점이 특히 힘들었다. 박사과정 1년 반이 지나서야 1 밀리미터 정도의 작은 단결정을 얻을 수 있었고, 2년이 지나면서 실험 결과가 나오기 시작했다. 박사 지도 교수님도 이 과정에서 나만큼이나 힘들어하셨던 것으로 기억한다. 하지만, 힘든 박사 연구 과정에서 정말로 많은 것을 배웠다. 고체물리 실험 분야에서 결함 없는 고품질의 단결정을 만드는 것이 얼마나 중요한지, 소량의 불순물에 의해 물성이 얼마나 왜곡될 수 있는지, 정밀하게 물성을 측정하는 기술이 얼마나 소중한지…. 박사과정을 거치며 그제야 적어도 고체 실험 물리학자로서의 올바른 가치관을 지니게 된 것 같다. 결함 없는 순수한 단결정을 완성하면서 예상했던 연구 결과들이 나오기 시작했고, 나는 실험 결과물에 이론을 포함한 괜찮은 연구 성과를 내면서 무사히 박사학위를 받을 수 있었다.

미국에서
살 거야

박사과정 동안 일본에서의 삶이 딱히 힘들거나 하지는 않았지만, 더 자유롭고 여성에 대한 차별이 거의 없을 거라는 기대감 때문에 미국 유학 생활을 많이 동경했었다. 그런데 마침 일본에서 열린 국제 학회에서 지도 교수님과 안면이 있던 미국의 H 교수님을 만나 인사를 나누게 되었다. H 교수님은 뉴멕시코주립대학 교수이자 로스앨러모스국립연구소의 객원 연구원으로 강상관전자계strongly correlated electronic system 물질에 대한 중성자 실험의 전문가였다. 나는 H 교수님께 미국에서 박사후연구원을 하고 싶다고 말을 건넸다. H 교수님은 학회에서 열심히 발표하고 토의하는 나를 좋게 봐 주셨고, 본인의 연구 과제가 넉넉하지 않다며 다른 자리를 알아봐 주겠노라 약속하고 떠났다. 얼마 후, H 교수님은 로스앨러모스국립연구소에 있는 로스앨러모스 중성자과학센터LANSCE, Los Alamos Neutron Science Center와 국립고자기장연구소NHMFL, National High Magnetic Field Laboratory와 연계된 박사후연구원 자리를 추천해 주셨다. 덕분에 나는 원하던 미국에서의 삶을 시작할 수 있었다. 잘 알려져 있듯이 로스앨러모스 국립연구소는 세계 최초로 핵폭탄을 개발한 맨해튼 프로젝트로 유명한 곳이다. 친구들은 나에게 핵폭탄이 떨어진 곳에서 핵폭탄을 개발한 곳으로 이적하니 출세했다며 농담을 던지기도 했다.

미국에서 만나는 서양 친구들은 외모부터 낯설어 새로웠다. 처음으로 느껴 보는 해방감 비슷한 '자유'도 만끽할 수 있었다. 나는 미국에 정착하기로 마음을 먹었다. 미국은 일본이나 한국과 많이 달랐다. 뭐랄까, 일본에서 여성은 그냥 약자였다면, 미국에서는 동양 여성을 사회적 약자인 소수자 그룹으로 분류하여 배려하고 우대를 해 주는 분위기가 있었다. 그동안 경험해 보지 못했던 정해진 근무 시간과 휴가도 있었다. 학생 신분과 달리 박사후연구원으로서 보스와의 합의를 통해 원하는 연구를 어느 정도 자유롭게 할 수 있는 것도 너무 좋았다.

계약상 나는 로스앨러모스국립연구소에 있는 LANSCE와 NHMFL, 두 개 연구그룹에 속해 있었기 때문에 LANSCE에서 중성자 산란 실험을 하고 NHMFL에서 고자기장 극저온 실험을 하며 처음 몇 달을 보냈다. 하다 보니 중성자 산란 실험보다는 고자기장 극저온 실험에 더 큰 매력을 느껴 NHMFL에 정착했다. 50여 명의 연구원으로 구성된 연구그룹에서 유일한 여성으로 각별한 배려와 관심을 받는 게 부담스럽기도 했지만 딱히 싫지도 않았다. 연구그룹에서 나의 보스였던 L 박사님은 소수자 그룹의 고용을 장려하는 사회적 분위기 때문에 동양인이자 여성인 내가 미국에서 취업하는 게 상대적으로 어렵지 않을 거라는 말씀을 자주 하셨고, 미국에 정착하겠노라는 나의 꿈은 커져만 갔다. NHMFL은 세계에서 가장 높은 자기장에 도달할 수 있는 장치를 갖추고 있어서 많은 연구자들이 이를 이용하기 위해 방문하였다. 나는 그들과 자연스럽게 만나 공동 연구를 할 수 있었고, 이는 나에게 날개를 달아 준 격이 되어 다양한 고체물리 분야를 조망하며 시야를 넓힐 수 있었다.

　　미국에 있는 동안, 이런저런 이유로 열리는 사적 모임과 파티에는 거의 빠지지 않고 참석했다. 새로운 문화를 경험하는 것이 즐거웠고, 덜 외로웠다. 하지만 시간이 지나면서 부모님에 대한 그리움과 한식에 대한 갈망과 같은 향수병이 점점 커졌다. 가장 친했던 유럽 친구들이 계약 만료가 되어 자국으로 떠나면서 외로움이 절정에 달했다. 미국 생활 1년 반이 지날 즈음이었는데, 그때 미국물리학회에서 뜻하지 않은 인연을 만났다. 그분은 이성익 교수님, 내 학문의 아버지시다. 교수님은 이붕화마그네슘^{MgB_2}이라는 초전도체 박막을 처음으로 만드는 데 성공하였고, 나에게 이 박막과 관련한 실험을 제안하셨다. 초전도 임계 자기장의 이방성^{異方性}, 즉 초전도 상태를 깨뜨리는 최대 자기장의 크기가 방향에 따라 얼마나 달라지는지를 알아보는 실험이었다. 이것이 교수님과의 첫 만남이자 첫 공동 연구로, 우리는 이 일을 계기로 절친한 사이가 되었다. 교수님의 초청으로 2001년 한국에서 열리는 아시아·태평양 이론물리센터^{APTCP} 주최 학회에 참석했고, 한국도 이미 과학을 하기에 좋은 분위기가 형성되어 있음을 알게 되었다. 특히, 국가적 차원에서 여성 취업률을 높이려는 노력의 하나로 여성 과학자들에 대한 지원을 시작하던 시기였다. 한국을 다녀온 뒤, 나는 망설임 없이 한국행을 결심하고, 지원 가능한 대학교에 지원서를 보냈다. 그러나 한 번 두 번 실패를 경험하면서 미래가 불안해지기 시작했다.

짐은 언제부터
싸면 되나요?

취업에 대한 불안감이 점점 커질 무렵, 이 교수님은 한국기초과학지원연구원에서 연구원을 모집한다는 소식을 전해 주셨다. 석사 시절에 고자기장 극저온 실험을 하러 여러 차례 방문했던 연구소였다. 미국에서 사용하던 것과 유사한 실험 장비를 갖추고 있어 취업 후 바로 적응할 수 있다는 장점이 있었다. 다행히 아직 나를 알고 있는 연구원이 계셨고, 나의 전공이 부합한다는 이유로 서류를 통과하고 전화 면접을 보게 되었다. 너무나 긴장해서 무슨 질문에 어떤 대답을 했는지 전혀 기억이 없지만, 면접을 마치며 "거기서 일하려면 짐은 언제부터 싸면 되나요?"라는 나의 생뚱맞은 질문에 웃음이 터졌고, 이 한마디가 나를 합격시켰다고 나중에 들을 수 있었다. 때로는 긍정적인 마인드의 한마디가 통하기도 한다.

　꿈꾸었던 물리학자로 한국에 돌아와 원하던 정규직 연구원으로 새 출발을 한다는 것이 너무 좋았다. 연구원에는 정규직 연구원이 약

60~70 퍼센트였고 그중에 여성은 1 퍼센트 수준이었다. 이제 독립된 한 연구자로 연구 주제를 정해야 했다. 미국에서 박사후연구원을 마칠 무렵에 접했던 '스핀트로닉스spintronics'라는 분야에 관심이 있었기 때문에, 주저 없이 연구 주제를 바꾸기로 마음먹었다. 스핀트로닉스란? 전자의 전하를 활용하는 기존의 일렉트로닉스electronics를 확장하는 기술로, 전자의 전하뿐만 아니라 스핀도 활용하는 일렉트로닉스를 의미하는 신조어이다. 스핀트로닉스 기술은 하드디스크 드라이브의 자기저항 헤드에 대표적으로 사용되고 있는데, 미래에 비활성·초고속·대용량 저장 소자로 활용 가능하리라 기대되는 기술이다. 그동안 주로 연구했던 준금속이나 강상관 전자계는 주로 극저온에서 발현되는 현상을 보는 순수한 연구 분야였기에 성격이 많이 달랐지만, 내가 하는 연구가 실용적인 기술에 도움이 될 수 있다는 것이 마냥 신기하기만 했다.

　　이런 신비로움도 잠시…, 이제 현실적으로 이 분야를 알아야 했다. 그러려면 좋은 스승이 필요했다. 나는 주변에 요청하여 스핀트로닉스 분야를 연구하고 있는 국내 전문가들을 모았고, 비공식적인 모임을 만들어 공부를 시작했다. 찜질방이나 리조트 등을 빌려서 벽에 프로젝트를 띄워 놓고 한 사람당 네 시간 이상씩 발표하는 2박 3일의 고강도 일정을 기획해 진행하기도 했다. 내가 원했던 '자유'로운 분위기에 효과적인 연구 모임이었다. 모임이 진행되면서 구성원이 조금씩 바뀌었고, 자연스럽게 같은 연구 주제에 관심 있는 연구자들의 모임으로 정착되었다. '스핀토크

spin torque 연구회'라는 공식 명칭도 생겼다. 스핀토크란, 두 개의 서로 다른 자성체 사이에 전류를 흘리면 한 자성체를 통과한 후 전류의 스핀이 각운동량을 보존하기 위해 다른 자성체의 스핀 방향을 바꾸는 현상을 말한다. 전류에 의해 자성체의 스핀 방향을 바꾸는 스핀토크 기술은 자기메모리 MRAM 등에 적용되어 낮은 소비전력과 높은 저장용량이 가능한 기술로 발전할 것으로 기대한다. 연구회에서 우리는 서로가 알고 있는 지식을 거침없이 쏟아 냈고 나는 정말로 야무지게 받아먹었다.

"목마른 자가 우물을 판다", "목마르다고 누가 물을 떠먹여 주지 않는다" 이 말은 내가 인생을 살면서 깨달은 중요한 사실이다. 가만히 있으면 그 어떤 것도 얻을 수 없으니, 간절한 사람이 행동을 해서 원하는 것을 찾아야 한다. 목마른 자가 가만히 있으면 갈증은 더 심해질 테고 결국 메말라 버린다. 아무것도 하지 않는 자에게 찾아오는 행운은 없다. 원하는 것이 있다면 원하는 것을 얻기 위해 용기 있게 다가서야 한다. "요즘 아이들은 큰일이야. 뭔가 행동하지도 않고 가만히 앉아서 고민만 한다니깐." 스무 살의 나를 서운하게 했던 교수님의 이 말을 제대로 이해하기까지 참 많은 시간이 흘렀다. 유학을 마치고 귀국하여 전공을 바꾸고 싶었을 때 만든 스핀토크 연구회도 목마른 자가 우물 파는 심정으로 시작한 일이었다. 창피함을 무릅쓰고 전문 연구자들을 모아 배우고자 했다. 처음에 여섯 명이 모여서 제대로 된 연구비 하나 없이 공부를 시작했는데, 현재는 구성원들 모두 걸출한 연구자로 활약하고 있다.

한국기초과학지원연구원에서 새로운 연구팀을 구성하여 독립적인 연구를 수행하고자 노력했지만, 달갑지 않은 주변의 시선을 받기도 했다. 연구원에서 요구하는 연구 지원 업무 대신에 독자적인 연구를 하고자 새로운 연구팀을 만들었기 때문에, 연구에 필요한 모든 비용도 자체적으로 해결해야 했다. 학생 시절부터 연구비를 사용할 줄만 알았지 연구비를 수주하는 일에는 익숙하지 않았다. 팀장으로서 연구 기획부터 발표까지 모든 과정을 살피면서 연구비 조달과 정산 등 연구 외적인 일까지 책임지다 보니 바쁘고 힘든 일상이 지속되었다. 그러던 중에 포항공대에 계시던 이성익 교수님이 연구년으로 연구소에 오셨고, 나의 상황을 들으시고는 대학으로의 이직을 제안하셨다. 우여곡절 끝에 나는 교수님과 함께 서강대로 옮기게 되었다.

　　지금도 흔한 일은 아니지만 당시는 매우 드문 일로, 서강대의 파격적인 채용이었기에 상당한 연구비를 약속받았다. 서강대 물리학과에는 내 연구 분야와 관련된 연구실이 없었기 때문에 연구에 필요한 아주 작은 소모품부터 거대 장비까지 모두 새로 주문하여 마련하고 설치해야 했다. 석사 때부터 여러 장비를 셋업한 경험과 각종 장비를 활용하면서 쌓은 지식이 매우 큰 도움이 되었다. 새로운 터전에서 경쟁력 있는 연구를 하기 위해 어떤 실험 장비를 어떻게 설치할지 신중하게 고민했다. 이전 연구원에서는 연구원 자체의 연구비로 고가의 장비를 구입할 수 있었지만, 대학에서는 한정된 본인의 연구비로 필요한 연구 장비를 선택해야 했다. 나는 내가 하고 싶었던 스핀트로닉스 연구와 이 교수님이 하고 계신 초전도체 연구를 병행할 수 있는 연구 장치를 고안했다. 예를 들면, 물질에 자기장을 걸면서 전기적인 특성을 측정하는 장비는 일반적으로 자기장 방향이 고정되어 있어 물질을 돌리며 측정해야 하는 어려움이 있었다. 그래서 물질을 돌리지 않고도 자기장 방향을 바꿀 수 있도록, 3축 방향으로 자기장을 걸 수 있는 장치를 만들어야겠다고 생각했다. 하지만, 국내외 어디에도 그런 장비를 파는 곳은 없었다. 결국, 3축 방향의 자기장을 만드는 전자석, 전자석에 필요한 고전력 공급기, 전기적 특성을 측정하는 프로브, 이렇게 3개의 서로 다른 기기를 취급하는 회사와 협업하여 장비를 자체 제작했다. 또한, 저온에서 발현되는 초전도 현상이 자기장에 의해서 깨지는 현상을 연구할 수도 있고, 자성체의 자구 운동을 관찰할 수도 있는 광자기 이미징도 필요했다. 해외에 이 장비를 판매하고 있는 회사가 있었지만 가격이 너무 비싼 데다 거대해서 사용하는 데 불편함이 있어 보였다. 나는 그간의 경험을 바탕으로, 필요한 기기들을 하나하나 구매하여 조립하고 개선하여 국내외 어디에도 없는 광자기 이미징 장비를 셋업했다. 석박사 시절에 새로운 장비를 셋업하고 고장 난 장치를 수리하며 보내는 시간을 낭비라며 투덜거렸는데, 나의 노하우가 이렇게 유용하게 쓰일 줄 몰랐다. 이때 나를 도와 장비를 셋업하며 고생한 내 제자가 이제는 교수가 되었는데, 나와 같은 생각을 하고 있기를 바란다.

사석에서 나는 이성익 교수님을 아버지라 부를 정도였고, 교수님도 나를 딸이라고 소개할 정도로 가까웠다. 교수님 얘기를 꺼내는 것이 지금도 매우 힘들다. 교수님은 우울증 치료를 받으시다 증세가 악화되어 서강대로 옮기고 2년 후에 세상을 떠나셨다. 교수가 되어 이루고자 했던 모든 것들이 무너져 내리는 느낌이었다. 아주 소중한 사람을 잃는다는 것이 얼마나 가슴 아픈 일인지 처음으로 알았다. 세상을 살다 보면 나쁜 일도 있지만 좋은 일도 있듯이 나쁜 사람을 만나기도 하지만 좋은 사람을 만나기도 한다. 우리는 이것을 인연이라고 부른다. 그 인연은 적극적인 도움을 주기도 하지만 얘기를 들어 주는 것만으로도 충분할 때가 많다. 세상에서 가장 존경하는 분과 함께 큰 과학적 꿈을 이룰 수 있을 거라 기대했는데…, 곁에 계시지 않았다. 학기가 시작되고 일 년을 어떻게 살았는지 거의 기억이 없다. 매일이다 싶게 취해서 수업도 연구도 제대로 못하고 지냈는데, 그때 인도에서 열리는 작은 학회에 초청 강연 의뢰가 왔다. 낯선 나라에 가서 나를 모르는 사람들을 만나는 것도 괜찮겠다 싶어 수락했고, 돌아와서 마음을 가다듬고 다시 연구에 집중할 수 있었다.

물리학자의 새로운 꿈

물리학과에 입학한 지 30년, 서강대에 부임한 지 15년, 정년까지 15년.

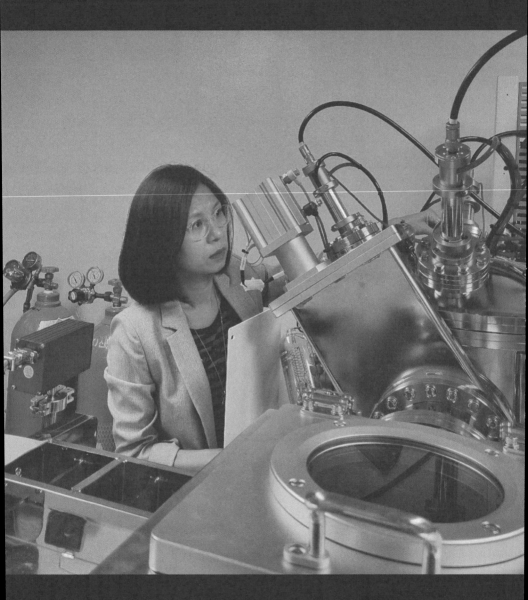

실험 중인 저자. 사진 속 장비는
자성 박막을 증착하는 스퍼터(sputter)이다.
서강대 실험실. 2022년.

숫자들을 보고 있으니 물리학자로서 정중앙의 시간을 살고 있는 것만 같다. 잠깐 멈춰 서서 물리학자가 되기까지 몇 번의 갈림길과 그때의 선택들을 떠올려 본다. 재수를 안 하고 성균관대에 입학한 것, 물리학을 배우지 않았지만 물리학과에 들어간 것, 미국이 아니라 국내에 자리 잡은 것, 입자물리 이론이 아니라 고체물리(응집물질물리) 실험을 전공한 것, 그중에서도 자성체를 연구하고 있다는 것이 너무나 다행이라고 생각한다.

대학교 때는 훌륭한 사람, 유명한 과학자가 되는 것이 장래 희망이었다면, 지금은 진정한 물리학자이자 교수가 되는 것이 꿈이다. 유명한 물리학자인 리처드 파인먼의 말로 기억한다. "과학자는 예술가만큼 세련된 심미안을 지니진 못했을지라도, 예술가가 보는 아름다움보다 더 많은 아름다움을 볼 수 있다. 예컨대, 과학자는 꽃의 세포 속에서 일어나는 현상에서도 아름다움을 본다. 또한 과학은, 꽃의 아름다운 색깔이 곤충을 끌어들인다는 사실로부터 '그렇다면 하등 생물체도 인간처럼 미적 감각을 지니고 있을까? 왜 미적 특질을 갖고 있을까?' 질문함으로써 꽃에 대한 흥미와 신비로움, 경이로움을 더 돋보이게 한다"고 그는 말했다. 물리학은 흥미와 경이로움을 넘어 관찰된 객관적인 사실에 근거하여 새로운 현상을 논리적으로 설명해 내는 과정이고, 그 과정에 익숙해질 때까지 끊임없는 연습과 훈련을 제공하는 것이 교수의 역할이라고 생각한다.

하지만 물리학자이자 교수, 이 둘은 곧잘 충돌한다. 한번은 물리학회에서 한 여학생을 울린 적이 있다. 자신의 실험 결과를 자랑스럽게 발표하는 학생에게 나는 흥미로운 데이터에 들떠서 질문을 던졌다. 석사 1년차 대학원생은 내 질문을 잘 이해하지 못했고, 발표장에는 학생의 지도 교수도 없는 상황이라 원하는 답변을 듣지 못했다. 발표를 마칠 시간이 다가오자 나는 다급해져서 "지도 교수님 이름이 뭐예요?"라고 물었고, 학생은 무척 당황한 표정을 지었지만, 나는 학생이 너무 긴장한 탓이라 생각했다. 얼마 후 복도에서 그 학생을 다시 만났고, 아무렇지도 않게 다시 지도 교수님 이름을 물었다. 학생은 기어코 울음을 터트렸고 주변 친구들의 부축을 받으며 지나갔다. 발표하는 대학원생에게 지도 교수 이름을 묻는 것은 어릴 적 학교에서 잘못을 저질렀을 때 선생님이 부모님 모시고 오라는 거랑 같은 거란다. 물리학자로서 궁금한 걸 알고자 했지만, 학생에 대한 태도가 잘못된 교수였던 거다.

어려서는 주변의 친구들 그리고 나를 도와주는 사람들을 좋아했다면, 지금은 내 진심을 알아주고 믿어 주는 동료와 제자 들을 사랑한다. 처음에 연구실로 들어오겠다고 찾아오는 학생을 만나면 너무나 반갑고 기쁘다. 시간이 지나, 졸업하는 학생들과 작별 인사를 나누는 것은 지금도 낯설고 어색하다. 더 시간이 지나, 각자의 삶을 충실히 살고 있는 제자들이 다시 찾아오면 이보다 더 큰 행복이 없다. 나이를 먹을수록 학생들에게 고마운 생각이 든다. 나의 즐거움과 행복의 원천이니까. 나에게 많은 도움을 준 분들을 떠올리며, 나도 그런 교수로 남고 싶은 마음이 간절하다.

어려서부터 통통한 볼살과 큰 쌍꺼풀 눈 그리고 왜소한 몸 때문에 별명이 많았다. 가분수, 찐빵, 왕눈이, 개구리 등. 그리고 서강대 교수가 되면서 새로운 별명이 생겼다. 처음 몇 해는 '미인' 교수, 다음은 '친절한' 교수, 그다음에는 '명랑한' 교수. 연구실의 대학원생이 이들을 조합하더니, '미친명랑한' 교수라며 웃어 댔다. 그래, 어느새 나는 정말로 미치도록 명랑하게 물리학을 하는 교수가 되어 있었다.

우리는 모두 많든 적든 매 순간마다 선택을 하며 살고 있다. 나의 삶도 그러했다. 가끔 삶이 고달파 엉망진창같이 느껴질 때, 내 선택을 후회할 때도 있었다. 취업 준비를 하면서 힘들어지자 물리학자의 길을 선택한 것을 후회하기도 했다. 내가 투덜거릴 때마다 부모님은 항상 나에게 이보다 더 나은 선택이 없었다고 사기를 북돋아 주셨다. 잘한 선택인지 모르겠지만, 언제부턴가 잘한 선택이었다고 나를 세뇌시키고 있었다. 힘들다고 느낄 때마다 'Don't worry Be happy'라는 노래를 흥얼거린다. 가만히 있는데 호박이 넝쿨째 굴러오는 행운이 찾아오는 법은 절대 없다. 세상에는 많은 호박이 굴러다니고 있고, 준비되어 있는 자만이 본인에게 굴러오는 호박을 거머쥘 수 있다고 믿는다.

"과학은 상상을 상식으로 만들고,
예술은 상식에서 상상을 얻어 낸다."
_ 최무영

오
정
근

★── 국가수리과학연구소 선임연구원. 일찍이 물리학자가 되겠다는 꿈으로 서강대학교 물리학과에 진학하여 학사·석사과정을 마치고, 중력이론으로 박사학위를 받았다. 이후 이화여자대학교 기초과학연구소 및 과학교육학과, 캐나다 워털루대학교 물리천문학부, 연세대학교 물리학과 박사후연구원을 거쳐, 2008년부터 국가수리과학연구소에서 근무를 시작했다. 현재 중력응용연구팀에서 중력파천체물리학, 중력파데이터분석, 차세대중력파망원경, 메타물질을 이용한 집음 저감 및 미세중력측정 장치를 이용한 조기 지진 탐지기 개발 등의 공공 응용 연구를 수행하고 있다. 2009년부터 라이고-비르고-카그라 과학협력단에서 활동하고 있으며, 카그라 연구단의 논문출판위원회와 저자선별위원회 위원, 한국물리학회 실무이사, 한국고에너지물리학회 부회장, 한국중력파연구협력단 총무간사를 역임했다. 중력이론, 중력파데이터분석, 라이고-비르고-카그라 중력파연구단에서 현재까지 약 190여 편의 논문을 출간했으며, 라이고과학협력단과 함께 2017년 브레이크스루 기초물리학 특별상을 수상했다. 저서 『중력파, 아인슈타인의 마지막 선물』로 제57회 한국출판문화상을 수상했다. 이외 저서로 『중력파과학수사대 GSI』, 『중력 쫌 아는 10대』가 있다.

책과 함께한
물리학자의 꿈

중국 송나라 시대 문인, 학자이자 정치가인 구양수歐陽脩는 글을 잘 쓰기 위한 비결로 소위 삼다三多를 제시했다. 그것은 '책을 많이 읽고(다독多讀), 글을 많이 써 보며(다작多作), 많은 생각을 곰곰이 곱씹어 보는 것(다상량多商量)'이다. 책을 통해 새로운 지식과 생각의 실마리를 얻고, 그것을 곰곰이 곱씹으며 상상과 생각을 펼치고, 느리게 활자로 하나하나 옮기면서 생각을 깊이 숙성시키라는 의미일 것이다. 이는 비단 글 쓰는 일뿐 아니라 여타 학문을 하는 데도 적용되는 비법이 아닐까 싶다. 물리학 책이나 논문을 많이 읽고 연구 동향을 파악하며 전문적인 지식을 습득하고(다독), 이를 곰곰이 생각하고 궁리하여 문제를 정의하고 제시된 문제에 대한 해법 고민에 분투하며(다상량), 그 결과를 체계적이고 명료한 논리와 언어로 하나하나 논문으로 써 내려가는 일(다작)은 가히 '물리학의 삼다'라 할 만하지 않은가?

이 중 내가 가장 핵심이라고 여기는 덕목은 다상량인데, 깊은 생각과 치밀한 논리적 흐름을 통해 기존의 지식을 스스로 재발견하거나 혹은 그것의 참 의미를 깨우치는 과정이 매우 중요하다고 생각하기 때문이다. 다독은 이 다상량을 하기 위한 생각의 단초를 제공해 주고, 다음 단계의 진보된 사고를 할 수 있는 통찰을 길러 준다. 그런 점에서 독서는 글을 쓰든 연구를 하든 중요한 첫걸음이 되는 것이리라. 돌이켜 생각해 보면 물리학을 공부하고 연구하고자 마음먹었던 나에게, 책은 어린 시절부터 그런 생각의 씨앗을 제공하고, 상상의 터전을 마련해 주었으며, 앞으로 나아가는 동력과 동기부여가 되어 왔다. 그리고 그 사실은 지금도 변함이 없다.

천문학에의 동경: 나의 성전 『코스모스』

나는 어린 시절 막연히 과학에 관심이 많았는데, 특히 우주와 별을 동경했다. 까만 밤하늘에 빛나며 떠 있는 물체는 신비와 경이 그 자체였다. 왜 그것들이 빛나는지, 무엇이 그것들을 만들었는지, 그런 관심과 흥미에 하나둘씩 찾아본 백과사전과 과학책들, 그것들을 통해 우주에 대한 꿈을 키웠다. 방바닥에 엎드려서 책장을 한 장 한 장 넘겨 가며 별과 우주를 소개한 글과 사진을 읽다 보면 심취해서 시간 가는 줄 몰랐다. 당시 계몽사에서 나온 『컬러학습대백과사전』은 취학 전의 나에게 과학에 대한 지적 호기심을 충족시켜 주는 훌륭한 통로였다. 우주·행성·은하 등이 펼쳐진 멋진 사진이 있는 권은 닳고 닳도록 보았는데, 그때마다 방바닥을 뒹굴뒹굴 구르며 상상의 나래를 펼쳤다.

책에서 가장 처음 외운 것은 태양계의 아홉 행성이었다. 지금은 퇴출된 행성인 명왕성을 포함한 '수금지화목토천해명'은 어린 시절 나의 첫 자랑스러운 주문 같은 것이었다. 초등학교 입학식에서 처음 만난 같은 반 친구에게 이런 이야기를 했더니 그 친구도 자랑하듯이 자기가 외운 주문을 읊었다. 처음 듣게 된 그 주문은 '수우미양가'였는데, 똑같이 '수'로 시작하는 이 새로운 주문이 무엇일까 신기하고 궁금했다. 나는 그날 집에 가서 어머니께 듣고서야 그것이 학교 성적표의 등급이란 것을 알았다. 이처럼 우주와 천체에 남다른 애착과 관심을 가졌던 터라 초등학교 4학년 때 처음 부모님을 졸라서 산 칼 세이건의『코스모스』는 두고두고 곁에 두는, 가장 애지중지하는 성전과도 같은 책이 되었다. 처음에는 글밥이 많아 쉽사리 완독할 수 없었고 그 내용도 이해하기가 어려워서, 대신 책에 수록된 삽화와 사진을 수없이 넘겨 보았다. 결국 중학교 1학년이 되어서야 처음으로 완독했다.

별과 우주에 대한 궁금증은 점점 깊이를 더해 갔고, 나는 혼자 서점을 드나들며 여러 책들을 찾아 탐독했다. 칼 세이건과 앤 드루얀의『혜성』을 비롯해서, 기타무라 마사토시의『별의 물리』, 스즈키 다쿠지의『맥스웰의 도깨비』, 난부 요이치로의『쿼크: 소립자 물리의 최전선』등과 같은 전파과학사의 과학 문고들은 그런 호기심을 어느 정도 충족시켜 주었고, 과학자가 되고 싶다는 꿈을 더욱 부추겼다. 학교에서 배우는 과학 교과만으로는 부족한 갈증을 느꼈고, 주말마다 버스를 한 시간씩 타고 교보문고에 가서 이리저리 과학책 코너를 돌아보거나 여러 가지 과학책을 뒤적거리며 그 갈증을 풀곤 했다. 지금 와서 생각해 보면 그것은 갈증의 해소라기보다 호기심의 눈덩이를 점점 굴리고 키우는 과정이었다. 그런 시

초등학교 4학년 때 처음 부모님을 졸라서 산

칼 세이건의 『코스모스』는 두고두고 곁에 두는,

가장 애지중지하는 성전과도 같은 책이 되었다.

간이야말로 오랫동안 과학에 대한 동경과 그리움을 유지하게 해 준 큰 동기부여가 아니었나 싶다.

내가 어릴 때 학창 시절의 대부분을 보냈던 집은 서울 변두리에 위치한 주택이었는데, 1980년대였던 당시만 해도 서울에서 밤하늘의 별을 많이 볼 수 있었다. 여름밤, 마당에 돗자리를 깔고 누우면 쏟아질 정도는 아니라도 별이 곧잘 보였고, 하나하나 책을 짚어 가며 별자리를 찾는 것이 큰 즐거움이었다. 오리온자리, 카시오페이아자리, 북극성 등을 찾아 동생에게 알려 주기도 했다. 오리온대성운(오리온 별자리 근처에 보이는 우리은하 내 성운), 플레이아데스성단도 육안으로 희미하게나마 구분할 수 있었다. 중학교 2학년 어느 날은 개기월식이 있었다. 나는 초저녁부터 월식을 관찰하려고 만반의 준비를 했고, 새벽녘까지 시간마다 월식을 관측하여 연습장에 스케치를 했다. 하늘을 보면 별이 있고, 달이 있고, 그것들을 보며 상상할 수 있었던 시절이었다. 그렇게 아주 어린 시절부터 막연하게 동경했던 우주와 천문학, 그것은 내가 가고 싶고 갈 수도 있는 미래의 길 하나를 찾아낸 것이었다.

수학에의 동경: 『대학 미분적분학』과 새로운 수학

초등학교 때는 매일 학교에 갔다 오면 대문도 열지 않고 책가방을 담장 너머로 집어 던지고는, 산으로 들로 뛰어다니며 놀다가 저녁때나 집에 오곤 했다. 집 뒤편 야산에 올라 달이 뜨는 것을 보고 별빛이 올라올 즈음에야 산을 내려왔다. 학교 공부와 숙제는 항상 우선순위 밖이었다. 초등학교 때 가장 싫어했던 과목은 산수였는데, 셈이 매일 틀리는 데다 반복해서 셈 연습을 하는 것에 흥미를 잃었기 때문이다. 그러다 중학교에 진학해서 첫 수학 시간에 들은 수학 선생님의 말씀은 사뭇 충격적이었고, 나는 내심 희망의 웃음을 지었다.

"수학은 너희들이 초등학교에서 배웠던 산수와 다르다. 거의 모든 것을 알파벳 문자로 표현하게 되니, 잘 보고 잘 따라와야 한다."

그동안 숫자들끼리의 향연이었던 지루한 산수 계산과 달리 중학교에서의 수학은 일반적인 추론, 논리와 생각의 흐름을 통해 얻어지는 명확하고 명쾌한 결론이 매력으로 다가왔다. 빈둥거리면서도 머릿속은 항상 수학 개념에 관한 생각들로 가득했다. 한번은 수업 중에 일반적인 각의 3등분 작도가 불가능하다는 걸 배웠는데, 그날 방과 후 교실에 남아 일반각의 3등분 작도를 해 보겠노라고 연습장 한 권을 거의 다 써 가면서 저녁 시간까지 끙끙대기도 했다. 결국 당직 근무 중인 수학 선생님께 들켜서 교실에서 쫓겨났지만 말이다. 수학은 자연현상에 대한 흥미와는 또 다른, 지적인 즐거움을 주었다. 매일 저녁을 먹고 나면 혼자 방에 들어가 수학 문제 풀이에 열중했을 정도로, 나는 수학이라는 새로운 대상에 빠져들었다. 특히 심화 문제를 푸는 다각도의 해법을 찾는 것을 좋아했는데, 지금은 어떤 문제인지 생각이 나지 않지만, 한 문제의 풀이법을 이틀 내

내 고민한 일이 있었다. 물론 답안지와 해설지가 있었지만, 그걸 보는 건 자존심이 허락하지 않았고, 이틀 정도 버티고 고민하고 나니 오기가 생겨서 틈만 나면 문제를 풀 궁리를 하곤 했다. 그러던 중에 이틀째 되던 밤 12시경 자려고 누웠다가 갑자기 번쩍하고 떠오른 아이디어에 박차고 일어나 빈 용지에 풀이를 써 내려갔다. 그렇게 머릿속이 풀이에 대한 논리적 흐름으로 가득 찬 상태로 책상에 앉아 한 시간가량 해법을 종이에 적어 갔다. 결국 정답을 찾아냈는데, 무려 A4 용지 다섯 장에 걸친 긴 풀이였다. 이후 정답 풀이 해설을 확인했을 때, 해설지에 나온 풀이는 고작 10줄이어서 허무했던 기억이 난다. 하지만 꼬박 이틀 동안 혼자만의 생각과 논리적 추론으로 얻어 낸 답안이었기에 그 희열은 아직까지도 생생하게 남아 있다.

수학의 논리적인 명료함과 그 문제를 해결했을 때 오는 희열은 마치 마라토너들이 달리는 과정에서 느끼는 극도의 희열인 러너스 하이 runner's high와 유사한 솔버스 하이solver's high라 이름 붙일 만한, 뇌에서 느끼는 일종의 학문적 카타르시스가 아닐까 한다. 그것을 경험하면서 나는 수학에 점점 더 매료되었다. 대학 입학 직전에는 『대학 미분적분학』을 보며 미적분학을 별도로 공부하였는데, 극한의 개념을 정의하는 '입실론-델타법'이라 불리는 증명 방법을 접하면서 수학의 새로운 방식에 눈을 떴다. 입실론-델타법은 19세기 프랑스의 수학자 오귀스탱 루이 코시Augustin Louis Cauchy가 도입한, 함수의 극한을 정의하는 논법이다. 처음에 바로 이해하기는 생소한 개념이라 대학에 입학하여 미적분학을 배울 때 많은 학생들이 적지 않게 당황하곤 한다. 나도 이 논법을 처음 접했을 때 쉽지 않아 여러 번을 반복해서 보고, 생각하고, 문제에 적용해 보면서 이해하려고 애를 썼던 기억이 있다.

　　나는 대학에서 필수로 요구했던 부전공도 수학을 선택했다. 수학에 대한 흥미와 관심에 더해서, 이론물리학을 전공하려면 수학 공부를 더해야 하지 않을까 하는 막연한 생각도 있었다. 그리하여 고등 미적분학, 복소수함수론, 집합론, 선형대수학, 미분기하학, 추상 대수론 같은 수학과 강의를 수강했는데, 이때 처음으로 그동안 고등학교 과정에서 접했던 수학과 대학 수학의 괴리를 느꼈다. 고등학교에서의 문제 풀이 방식과 달리 대학에서 전공으로 다루는 수학은 새로운 훈련이 필요한 학문 분야로, 벽이 존재하는 것 같았다. 수학을 제대로 공부하고 연구하려면 증명과 문제를 생성해 내는 수학적 사고 훈련이 필요함을 깨달았다. 대학에서 수강한 수학 과목의 성적은 몇몇 과목을 제외하면 그리 좋지 못했다. 하지만, 수학을 부전공한 덕분에 수학이라는 학문에 대한 관점과 시야를 넓힐 수 있었다.

물리학에의 동경:
나의 선생님들, 선물 받은 책들

중학교 시절 라디오와 TV를 켜면 자주 뵐 수 있었던 물리학자가 있다. 바로 핵물리학자이자 한국물리학회 회장을 역임하신 고려대학교 물리학과의 고 김정흠 교수님이다. 과학의 대중화에 남다르게 앞장서셨던 분으로, 어린이들에게 과학을 설명해 주시던 친근한 모습이 아직도 기억 속에 있는데, 내게도 큰 영향을 끼치셨다. 교수님은 한 대기업의 컴퓨터 광고 모델도 하셨는데, 아마도 한국 최초로 CF 모델을 한 물리학자가 아니었을까 한다. "콤퓨타는 어릴 때부터 시작이 중요합니다"라며 컴퓨터 교육을 강조하는 교수님의 광고 영상은 당시에 꽤 유명했다. 몇 년 전에 교수님의 칼럼을 다시 찾아 읽었는데, 이미 라이고LIGO, Laser Interferometer Gravitational-Wave Observatory(레이저 간섭계 중력파 관측소) 프로젝트가 시작되기도 전에 '중력파와 중력파의 활용 가능성'에 대한 혜안과 직관을 보여주신 통찰에 감탄했다. 그 후 나는 교수님의 광고 영상을 입수해서 대중 강연을 할 때마다 소개하곤 한다.

교수님이 활동하실 당시에 라디오와 TV의 과학 프로그램 단골 주제 중 하나는 '외계인이 있는가? UFO가 있는가?' 하는, 다소 현대 과학과는 동떨어질 법한 이야기들이었다. 그런데 교수님은 항상 '확실하지 않고 입증할 수 없으므로 현재 단계로는 있다고 보기 어렵다'는 유보적 입장이었다. 아마 많은 어린이들, 특히 과학을 좋아하고 미지의 세계를 상상하며 우주를 꿈꾸었던 아이들이라면 교수님의 말에 실망했을 터이고, 나 역시 아쉬운 마음이 들지 않을 수 없었다. 그러나 물리학을 공부하면서, 어린 시절 교수님이 하셨던 한마디 한마디 말씀의 의도를 이해할 수 있었다. 과학자로서 중요한 자세 중 하나는, 과학적으로 옳다고 입증된 사실 조차도 시간이 지남에 따라 반론이 있을 수 있음을 받아들이는 것이다. 그러니, 사실과 허구가 혼재되었을 수도 있는 현상에 대해 명백한 증거 없이 결론 내리는 것은 과학자의 태도가 아니라는 교훈이었을 것이다. 객관적 증거와 증명 없이 심증만으로 지지하거나 주장하는 태도는 과학이 아닌 믿음의 영역일 뿐이다. 물리학을 공부하면서, 이러한 과학적 태도는 다년간의 훈련을 통해 서서히 스며드는 것이지 인위적이거나 직관적인 감정과 기분에 의해 취할 수 있는 태도가 아니라는 것도 점차 알게 되었다. 나는 교수님 덕분에 어린 시절 대중매체를 통해 그러한 생각을 일찍 접할 수 있었다. 그래서 대중 강연을 할 기회가 생기면 항상 김정흠 교수님의 영상을 보여 주면서 그분이 과학 대중화에 기여하신 노고와 노력을 알리고, 과학적 호기심과 탐구의 방법에 대해 역설하셨던 교수님의 말씀을 소개하면서 과학 하는 자세를 이야기하곤 한다.

중학교 1학년 때 학교에 오셨던 과학 교생 선생님도 잊을 수 없다. 교생 선생님들과 두루 친하게 지냈는데, 그중 한 선생님께서『물리학 개론』이란 책을 선물해 주셨다. 한자가 많이 섞인 대학 교재였는데, 방학 동안 이 책을 애지중지하며 한자 옥편을 찾아 가며 읽었다. 물론 내용이 매우 어려워 따라가기에 벅찼지만, 간혹 이해가 가는 문구가 있을 때마다 새롭게 깨닫는 희열은 강렬했다. 이듬해 오셨던 다른 교생 선생님은 유학을 떠나시기 전에 몇 개월간, 잠깐 학교에 오셔서 우리를 가르치셨다. 나는 그 선생님과 헤어지는 날까지 과학에 대해 많은 이야기를 나누었다. 선생님의 전공이 물리학이었기에, 특히 물리학이란 어떤 학문이고 물리학과에서는 무엇을 배우는지 들었고, 우주를 향한 내 열정을 꽃피울 수 있는 천체물리학이란 분야도 알게 되었다. 유학을 떠나시기 직전에 선생님으로부터 알베르트 아인슈타인의 『Sidelights on Relativity』란 책을 선물 받았다. 상대성이론이 탄생하던 시기의 주변 상황과 이론이 만들어질 당시 아인슈타인의 생각을 기술한 요약본 문고였는데, 영어로 된 원서를 처음 접해 보았기에 며칠을 사전을 찾아 가며 흥미롭게 읽었던 기억이 생생하다. 중학교 2, 3학년 때는 《뉴턴》, 《과학동아》, 전파과학사 '과학 신서' 시리즈 같은 여러 과학 도서를 통해 입자물리학, 우주론, 항성천문학, 초끈이론 등의 분야와 최신 이론을 접하면서 관심 영역이 넓어졌다. 하지만 나의 가장 큰 목표는 일반 상대론을 이해하고 싶다는 것이었다. 일반 상대론을 이해하기 위해서는 상당히 오랜 기간 동안 고급 수준의 수학과 물리학 훈련이 필요하다. 대학의 기초 물리학 내용은 물론이고, 미분적분학, 미분방정식, 미분기하학, 선형대수학, 벡터·텐서 해석학 등의 수학에도 익숙해져야 한다. 따라서 그러한 훈련이 전혀 되어 있지 않은 중·고등학생 시절의 나는 막연한 소망과 기대로 주변을 맴돌 수밖에 없었고, 그것이 물리학을 공부해 보고 싶다는 동기부여가 되었다.

피상적으로만 알고 있던 물리학 지식을 수학과 접목함으로써 본격적인 물리학의 세계를 경험하게 된 건 고등학교에 진학해서 물리 과목을 배우면서였다. 중력장 안에 있는 물체의 운동을 역학적으로 기술하여 운동 궤적을 구하는 공식을 배우면서 자연현상을 수학적으로 기술한다는 것이 어떤 것인지 깨달았고, 물리학과 수학에 새로 눈을 뜨는 기분이었다. 이후 진자의 운동을 조화진동자를 이용해 수학적으로 나타내는 방법을 혼자 공부하면서 미분방정식의 간단한 기초를 접했고, 물리학에서 자연현상을 기술하기 위해 사용하는 수학에 관심이 생겼다. 그 관심은 미리 대학 미적분학을 탐독하는 열정으로 이어졌고, 자연현상을 수학으로 기술하는 명쾌함에 더욱더 빠져들었다.

물리학도의 길:
『중력』의 무게

물리학과에 진학하기로 마음먹기 전까지 다분히 여러 갈래의 진로와 가능성을 놓고 고민했지만, 그것은 천문학이냐, 물리학이냐, 수학이냐의 기로였을 뿐이다. 이론적이고 추상적인 학문인가 아니면 좀 더 실질적으로 자연현상을 기술하는 분야인가의 차이였을 뿐, 결국은 원초적이고 궁극적인 질문에 관심이 있었다. 부모님은 공대나 법대와 같은 다소 현실적인 학과를 권하셨지만, 오래전부터 물리, 천문, 수학과 같은 기초 학문에 매료되었던 터라 그 고민은 그리 오래가지 않았다. 특히나 중학교 때 교류했던 과학 교생 선생님의 영향과 과학 기사 등을 통해 접한 초끈이론, 초대칭이론, 초중력이론, 대통일이론 같은 최신 이론을 공부해 보고 싶은 열망으로 진로에 대한 결정이 한결 수월했다. 나는 큰 고민 없이 물리학과를 선택해 입학 원서를 썼다. 대학을 졸업하면 대학원에 진학해서 계속 공부를 하리라 마음먹었다. 그런 신속한 결정은 오히려 다른 길을 탐색하고, 다른 공부를 할 수 있는 여유와 관심 영역을 넓힐 수 있는 기회를 주었다. 부전공 역시 수학으로 일찌감치 결정하여 1, 2학년 때 필수 과목을 대부분 수강한 터라, 부전공과 비슷한 수준으로 철학 과목을 수강하기도 했다. 책을 읽고, 다른 사람과 토론을 하며 깊이 있는 생각을 나누는 것이 즐거웠다. 책도 주로 철학서, 사상서를 탐독했다. 대학 3학년 때 들은 과학철학과 이기론 논쟁, 중국사상사 수업은 가장 인상적인 강의였다.

내가 다녔던 대학의 물리학과에서는, 당시 국내 대학의 학부 과정 커리큘럼으로는 유일하게 신입생부터 '버클리 물리학 강좌'Berkeley Physics Course'를 강의 교재로 사용했다. '버클리 물리학 강좌' 시리즈는 미국 캘리포니아대학교 버클리 캠퍼스에서 발간한 총 5권으로 된 일반물리학 교재인데, 우리는 1권 고전역학, 2권 전자기학, 3권 파동과 광학을 2학년 과정까지 배웠다. 통상 '일반물리학'이라는 좀 더 개론적이고 보편적인 한 권짜리 교재로 일 년을 배우고, 2학년 때 '역학'을 공부하는 다른 학교의 커리큘럼과는 확실히 달랐다. '버클리 물리학 강좌'는 고등학교를 막 졸업한 신입생이 바로 소화하기에는 상당히 난도가 있는 교재여서, 수업을 따라가기가 쉽지 않았다. 나는 아침 8시에 도서관에 가서 수업 시작 전까지 버클리 교재를 강독하는 시간을 가져야 했다. 영어 원서 교재인

데다가 배워야 할 분량이 많고 개념도 생소하여 대학교 1년은 버클리 물리학 교재와 씨름했던 기억밖에 떠오르지 않는다. 당시 '미분적분학'에서는 함수 극한의 증명에서 '입실론-델타법'의 이해가 어려워 애를 먹었고, '일반화학'에서는 유효숫자 때문에 머리가 아팠으며, 실험 리포트 쓰는 법도 새로 배워야 했다. 그렇게 생소한 개념과 지식들로 정신적 혼돈을 겪으면서도, '일반화학' 담당 교수님이 첫 수업 시간에 해 주신 의미심장한 말씀 한마디를 되새기며 나만의 방식으로 어려움을 극복하려 노력했던 것 같다.

"대학에서의 공부는 고등학교 때까지 여러분들이 해 왔던 학습과 양적인 면에서 다르고, 질적인 면에서도 여러분들의 지적인 수준을 점프-업해야 하는 차이가 존재합니다. 그런 차이는 여러분들이 스스로 해결하고 뛰어넘어야 하는 영역이고, 그러기 위해서는 각자가 스스로의 방법을 찾아야 합니다."

대학 학부과정 4년 내내 나의 가장 큰 관심사는 오직 '일반 상대론'이었다. 대학원에 진학해 일반 상대론과 중력이론 관련 분야를 공부하겠다고 마음먹었기 때문에 나는 도서관에서 거의 살다시피 하며 강의실과 도서관을 전전했다. 물론 물리학 공부만을 위한 것은 아니었다. 도서관에는 읽을거리들이 실로 무궁무진했다. 강의 복습과 과제 등의 해야 할 일을 어느 정도 끝낸 뒤, 서가 곳곳을 찾아다니면서 읽고 싶은 책들을 가득 골라 열람실 책상 위에 쌓아 놓고 읽는 것이 즐거움이자 낙이었다. 그때는 물리학, 수학, 천문학보다는 오히려 철학, 역사학, 해부학, 사회학, 심리학, 문학, 음악, 미술, 종교 등 다양한 분야의 책을 읽었다. 물리와 수학 공부를 하는 사이사이에 머리를 식히는 내 나름의 지적 유희였다.

대학교 3학년 때에는 뜻이 맞는 후배, 동기들과 함께 '시메트리 Symmetry'라는 학술 동아리를 조직하여 활동했다. 관심사 중에서 분야별로 주제를 정해 세미나를 하는 동아리였는데, 우주론, 항성 역학, 초전도 등의 주제를 함께 공부하며 토론했던 소중한 기억이 있다. 최근까지 전해 들은 소식으로는, 아직도 후배들이 '시메트리' 동아리를 유지하며 활동하고 있다고 하니, 초창기 창립 회원이자 동아리의 이름을 지었던 제창자로서 흐뭇하기도 하다. 그러나 무엇보다 가장 기억에 남았던 활동은 대학원 선배님과 동기들, 후배들과 함께했던 일반 상대론 공부 모임이다. 당시 중력을 연구하고 계시던 연구실 선배님에게 미스너Charles W. Misner, 손Kip S. Thorne, 휠러John Archibald Wheeler가 저술한 중력에 관한 명저 『중력Gravitation』 강의를 듣고, 함께 토론하는 모임을 만들었다. 매번 강의와 공부를 끝내고 나면 '술이 물리야!'*를 외치며 술자리에서 중력에 대한 토론을 이어가거나, 함께 '주력酒力'을 키웠던 기억이 생생하다.

학부 4학년 때는 지도 교수님을 처음 만났다. 그해 우리 학교로 부임해 오신 교수님은 입자물리학 이론을 전공하고 양자장이론을 연구하셨는데, 부임하실 무렵에는 중력이론으로 연구 분야를 넓히는 중이셨다. 학부 동기가 이미 교수님의 중력이론연구실에서 석사과정을 밟기 시작

---

* 물리학과 3학년 과정에, 물리에 필요한 수학을 모아서 배우는 '수리물리학'이라는 과목이 있는데 물리학과 학생들은 이 강의 역시 난해하고 학점도 잘 나오지 않기에 '술=물리'를 동치화시키는 법을 배우기도 한다. 그래서 농담 삼아 '술이물리학'이라고 부르곤 했다.

한 터라 연구실에 대한 정보를 쉽게 접할 수 있었다. 오래전부터 일반 상대론, 중력이론을 전공하겠노라 마음을 먹었던 데다, 유학을 가지 않을 바에는 모교 대학원으로 진학하자고 생각했기에 석사과정을 중력이론연구실에서 하기로 결정한 것은 자연스러운 선택이었다. 그래서 학부 4학년 때 중력이론연구실에 연수생 자격으로 들어가 공부하기 시작했다.

나는 주로 동기였던 랩 선배의 계산을 따라가면서 확인하는 일을 했다. '낮은 차원 끈이론' 기반의 중력 작용량에 양자론적 보정 항을 넣은 모델에서 블랙홀의 해를 찾는 문제와 관련이 있는 계산이었다. 일반 상대론을 공부하면서 실전 연구 계산 프로젝트도 수행하다 보니, 개념적인 면을 묻고 계산하고 토론하면서 관련 내용을 빨리 습득할 수 있었고, 그 과정이 매우 효율적이었기에 더더욱 신이 났다. 학부 졸업반이라 수강 과목이 적어서 오랜 시간을 계산에 매달렸고, 몰입했었다. 이때 공부하고 배우고 계산하면서, 오랫동안 마음속 한구석에 자리 잡고 있던 답답함과 허전함, 부족함이 한꺼번에 해소되는 것을 느꼈다. 학기가 끝난 방학 기간에는 집중적으로 연구와 공부에 매진했다. 찌는 듯 더웠던 여름, 에어컨으로 시원한 도서관에서 이어폰을 귀에 꼽고 '장필순'과 모차르트의 〈레퀴엠〉을 노동요 삼아 들으면서, 방학 내내 앤디 스트로밍거Andy Strominger의 「블랙홀 강의록Les Houches Lectures on Black Holes」*과 게리 호로비츠Gary Horowitz의 《피지컬 리뷰 레터스》 논문을 따라 계산했던 기억은, 내내 반복해서 들었던 그 음악들을 들을 때면 항상 떠오르곤 한다. 특히, 이때 공부

* 레우슈 이론물리학교(Les Houches School of Physics)는 1951년부터 시작된 전통 있는 이론물리학 여름학교로 주요 대가들이 강의를 하고, 이후에 강의록을 온라인에 공개한다.

했던 호로비츠의 논문(낮은 차원의 중력 모델에서 나타나는 블랙홀과 블랙 스트링이 동일한 것임을 끈이론의 이중성을 통해 증명한 논문)은 박사과정 중에 썼던 논문 몇 편의 씨앗이 되었다.

다시, 천문학: 중력파 연구에 입문하다

박사과정 중에 학회에 참가하여 연구 결과를 발표한 적이 있다. 당시 나는 양자론을 포함하는 새로운 중력이론으로서 '낮은 차원의 중력이론'과 '양자 중력이론'의 가능성을 살피기 위해, 중력장에서 양자장quantum fields 의 성질을 이론적으로 연구하여 발표했다. 즉, 중력장에서 운동하고 있는 입자들의 산란 문제를 풀고, 이를 통해 다양한 블랙홀의 구조와 블랙홀 주변에서 입자들의 운동을 이해하고자 하였다. 다분히 이론적이고 추상적인 연구로, 낮은 차원 중력이론을 양자 중력이론의 장난감 모형**으로 다룬 셈이어서 실재하는 우리 우주의 이론과는 동떨어진 내용이었다. 연구 내용 자체가 수학적 모형이었고 수학적이고 이론적인 흥미에서 시작한 연구였는데, 발표를 들은 한 교수님께서 다음과 같이 조언하셨다.

"물리학자는 이론 연구라도 항상 실험과 관측의 검증을 염두에 두면서 해야 하지 않겠나? 이론적 흥미 그 자체도 좋지만, 물리학자의 자세를 생각한다면 마음속으로 그 이론이 현실 세계에서 어떻게 검증될 수 있을지를 고민해 보게나."

** 물리학에서 물리적 메커니즘을 밝히기 위해
간단한 가정과 최소한의 변수들로 모형을 단순화하여
만든 모델을 일컫는다.

이후 두고두고 이 조언을 곱씹고 생각했다. 그 뒤로는 내 연구가 실험이나 관측에서 어떤 역할을 하고 어떤 위치를 가지게 될 것인가 하는 점을 항상 염두에 두고, 그 의의를 찾고자 했다. 그러다 보니 점차 관측 가능성이 열려 있는 문제에 관심이 갔고, 중력이론과 천문, 천체물리학 관측과 연결 고리가 있는 주제를 찾게 되었다.

그러던 중 국내에 이미 연구회를 결성하여 활동하고 있었던 '수치 상대론 및 중력파 연구회'가 눈에 들어왔고, 나는 이 연구회에 가입했다. 2008년경 수치상대론 및 중력파 연구회에서는 '라이고과학협력단LIGO Scientific Collaboration'의 대변인이던 가브리엘라 곤살레스 교수(루이지애나 주립대 물리학과)를 여름학교에 초청하였다. 그의 강의를 통해 중력파 연구의 현황과 전망에 대해 들을 수 있었고, 이 행사가 기폭제가 되어 우리는 국내 연구 역량을 결집해 라이고과학협력단에 가입하고자 의기투합했다. 라이고과학협력단은 라이고LIGO, Laser Interferometer Gravitational-Wave Observatory라는, 레이저 간섭계로 이루어진 거대한 중력파 검출기를 만들고, 이를 이용하여 중력파를 관측하고자 구성된 국제연구단으로, 전 세계 80여 개 기관 약 1500여 명의 과학자들이 참여하고 있다. '중력파'는 중력을 가진 물질이 운동할 때 시공간에 발생시키는 에너지의 파동을 말하는데, 1916년 아인슈타인의 일반 상대론에 의해 예견되었다. 1960년대에 중력파를 실험적으로 검출하기 위한 노력이 이어졌으나 성공하지 못했고, 미국에서는 2000년경부터 거대 레이저 간섭계를 이용한 중력파 검출 실험을 시작했다.

중력파 검출은 물리학에서 시작된 프로젝트였고, 아인슈타인의 예측을 검증하는 데 일차적 목표가 있었다. 즉, 중력파의 존재를 증명하는 것 자체가 프로젝트의 목표였다. 그러나 이 발견을 통해 얻어지는 파급효과는 향후 천문학과 천체물리학에 새로운 패러다임을 제시할 만큼 크다. 과거에는 가시광선이나 전파 등 전자기파로만 천문 관측을 했지만, 중력파 관측 기술을 활용하면 중력파로도 천문 관측이 가능해진다. 따라서 지금까지 보지 못했던 새로운 영역을 탐색하고 새로운 지식을 발견할 수 있는 신기술을 보유하게 되는 셈이다. 마침내 2015년 9월(공식 발표는 2016년 2월 11일), 라이고에서는 아인슈타인이 이론적으로 예측한 지 100년 만에 최초로 중력파 신호를 포착함으로써 중력파의 존재를 입증했다. 또한, 계속해서 관측을 이어 와 2022년 현재까지 두 블랙홀의 충돌에서 발생한 약 90여 개의 중력파를 관측했다. 2017년 8월 17일에는 두 개의 중성자별이 충돌할 때 발생한 중력파와 이에 동반되는 감마선, 엑스선, 가시광선, 자외선, 적외선, 전파 등 모든 영역대의 전자기파가 함께 관측됨으로써 다중신호 천문학의 길이 열리기도 했다.

2008년, 나를 포함한 20여 명의 국내 연구진들은 '한국중력파연구협력단KGWG, Korean Gravitational Wave Group'을 결성하고, 이듬해인 2009년 9월 26일 헝가리의 부다페스트에서 열린 라이고-비르고* 연례 총회에서 가입 신청을 했는데, 만장일치로 가입이 승인되었다. 한국 연구진이 라이

---

* 비르고(Virgo)는 미국의 라이고중력파관측소와 비견되는 유럽의 대표적 중력파관측소로 이탈리아의 카치나에 있다. 프랑스와 이탈리아가 합작하여 개발한 비르고 검출장비는 라이고와 같은 레이저 간섭계형 중력파 검출기이다.

고에서 중력파 검출을 위한 연구를 시작하게 된 첫출발이었다. 이후 2011년에는 일본의 중력파 검출기인 카그라 KAGRA, Kamioka Gravitational Wave Detector 연구단에 가입하여 중력파 분야의 연구 협력을 확장했다. 개인적으로는, 이론에 집중했던 그동안의 연구와 달리 데이터 분석과 컴퓨터 시뮬레이션 등의 새로운 주제를 다루게 되었고, 집단 연구 방식으로 연구 형태도 조금 달라졌다. 내가 속한 연구팀의 주된 연구 주제는 '검출기 특성 연구'라 불리는, 실험과 이론과 데이터 분석이 융합된 분야였다.

라이고 중력파 검출기는 땅 위에 놓여 있는 매우 민감한 검출기로서 바람, 지진, 벼락, 온도, 습도 등의 환경적인 변화와 검출기 자체에 있는 전자 장비 상태로 인해 방해를 받게 된다. 따라서 이 잡음 요소들을 잘 분석하고 파악하여 잡음을 제거해야 잡음과 함께 검출 데이터 속에 포함되어 있는 미세한 중력파 신호를 포착할 수 있다. 이러한 연구에는 새로운 지식이 필요했다. 컴퓨터 활용 기법과 프로그래밍 언어 등을 숙지해야 해서, 이 시기에는 과거 연구했던 주제를 잠시 접어 두고 새로운 분야에 집중했다. 여러 가지로 생소했지만, 천체물리학의 거대 국제프로젝트에 참여하고 있다는 자부심으로 흥분되기도 했다. 대안 중력이론* 연구와 비교할 때, 중력파 검출을 통해 이론 연구를 검증할 수 있다는 점도 흥미롭게 느껴졌다. 천문학을 새롭게 공부했고, 천체물리학의 다른 영역도 공부를 할 수 있는 계기가 되었다.

---

* 대안 중력이론(alternative theory of gravity)은 일반 상대성이론이 완전한 이론이 아니라는 실험적 증거들, 예컨대 암흑에너지, 우주가속팽창과 같은 문제들을 설명하기 위해 도입된, 일반 상대론을 넘어서는 새로운 중력이론들이다.

국가수리과학연구소(이하 수리연)에서 연구원으로 근무하기 시작한 것은 2008년부터였다. 수리연은 수학과 수학이 사용되는 인접 학문들 간의 융합 및 시너지를 목표로 설립된 정부출연연구소로서 물리학, 화학, 컴퓨터 과학, 생명과학, 공학 등의 이론적·수리적 연구를 진흥하고 발전시키기 위해 설립되었다. 우리나라에는 27개의 정부출연연구소가 있는데, 각 연구소마다 나름의 설립 목적과 그에 따른 연구 미션이 존재한다. 예를 들면, '한국천문연구원'은 거대마젤란망원경과 같은 굵직한 천문학 프로젝트를 수행하고, '한국핵융합에너지연구원'은 K-스타나 이터 ITER(국제 핵융합 실험로)와 같은 핵융합로 연구를 수행한다.

수리연에서 내가 주로 참여했던 프로젝트는 데이터 과학, 컴퓨터 시뮬레이션과 계산 과학 플랫폼 개발 관련 연구였다. 데이터 과학 분야의 연구는 중력파 연구 프로젝트에 참여할 때 관련 데이터 분석 알고리즘을 공부하고 수학적 기반을 닦는 데 큰 도움이 되었다. 데이터 분석 알고리즘을 활용해서 고속 계산 플랫폼을 개발하는 연구도 했는데, 아직 세계적으로 그 아이디어가 무르익지 않았을 무렵인 2011년경에 이미 CPU, GPU, FPGA**와 같은 이종 연산 장비들을 함께 통합해서 계산하는 플랫폼을 구현하는 연구를 시작했다. 당시 상당히 가능성 있는 연구 결과들을 산출하면서 그 성과가 무르익고 있었는데, 몇 년 뒤 여러 사정으로 프로

**   FPGA는 Field Programmable Gate Array의 약자로
원하는 방식으로 현장 프로그래밍과 설계가 가능한 논리 회로의
반도체 소자이다.

수학, 컴퓨터 과학 등의 지식은 그 자체로는
물리학과 무관해 보이지만, 실제로 물리학을 연구하는 데
중요하게 활용된다. 물리적 대상의 기저 원리를 파헤치고,
분석하고, 해석하는 데 필수적인 수단이기 때문이다.

수리과학연구소에서 연구 중인 저자. 2013년.

젝트가 중단되어 지속하지 못한 것이 못내 아쉽다. 오늘날 이종 컴퓨팅 플랫폼hybrid computing platform이 국제적인 대세가 된 걸 보면서, 당시 선구적인 아이디어를 시작했다는 정도의 자부심으로 아쉬움을 달래고 있다.

이와 같은 프로젝트를 수행하기 위해서는 수학과 컴퓨터 과학 등 관련 분야의 지식이 두루 필요하다. 따라서 당시 팀 내에는 물리학, 천문학, 지구과학, 수학, 컴퓨터 과학, 컴퓨터 공학의 다양한 전공을 가진 연구자들이 있었다. 우리는 협업을 위해 인공 신경망artificial neural networks, 웨이블렛 변환wavelet transform 이론, 켤레기울기법conjugate gradient method 등의 수학 세미나를 하면서 각자의 지식과 관점을 공유하는 통섭 세미나를 기획해서 진행하기도 했다. 2013년부터는 중력파 데이터를 학습한 알고리즘을 이용해 데이터/잡음을 판별하도록 하는 '기계학습법machine learning'을 중력파 데이터 분석에 적용하는 연구를 처음 시작했고, 이 과정에 인공신경망 알고리즘을 적용하는 연구도 시동을 걸었다. 당시만 해도 딥러닝의 개념이 아직 나오기 전이었고, 인공신경망의 알고리즘은 여타 다른 기계학습 방법론보다 성능이 좋지 못했다. 오히려 '의사 결정 트리decision tree'나 '서포트 벡터 머신support vector machine'의 성능이 좋게 평가되던 시기였다. 그러나 불과 몇 년 뒤 인공신경망을 기반으로 한 딥러닝이 빠르게 발전하면서 인공지능 알고리즘의 대세로 등극하게 되는 것을 목도하였다. 이런 수학, 컴퓨터 과학 등의 지식은 그 자체로는 물리학과 무관해 보이지만, 실세로 물리학을 연구하는 데 중요하게 활용된다. 물리적 대상의 기저 원리를 파헤치고, 분석하고, 해석하는 데 필수적인 수단이기 때문이다. 따라서 물리학자로서 물리학 이론 자체에 몰두하는 것도 중요하지만, 열린 자세로 타 학문을 활용하고, 학문적 배경이 다른 연구자와 협동과 협력을 통해 문제를 해결하는 것 역시 중요하다 할 수 있다.

다시, 물리학:
맥스웰 VS. 패러데이

전자기학의 발전에 지대한 공헌을 한 두 천재, 마이클 패러데이와 제임스 클러크 맥스웰의 전기인『패러데이와 맥스웰』을 인상 깊게 읽었다. 이 책은 두 인물의 삶과 업적을 대비하여 기술하고 있는데, 맥스웰이 다분히 추상적인 개념 정립에 능한 물리학의 이론가였다면, 패러데이는 철저히 실증적으로 실험적인 증거를 통해서 개념을 찾고 정립해 나간 실험가였다. 맥스웰의 삶은 마치 물리학에 입문했을 때의 내 성향과 비슷한 듯했다. 처음에 나는 실험보다는 이론적 사고와 상상, 수학적 모델 계산에 더 흥미를 느꼈고, 그것이 즐거웠다. 그러나 이후 라이고과학협력단과의 중력파 연구, 연구소 내에서의 계산 과학과 타 분야와의 협업 프로젝트, 차세대 중력파 망원경 연구 등을 거치면서, 실험과 관측에 대한 이해의 폭이 넓어졌고, 흥미도 점차 커졌다.

라이고과학협력단에서 수행했던 '검출기 특성 연구'는 실험 기기들의 특성과 주변 환경을 이해하고, 그 잡음 요소를 다양한 방법을 통해 분석하고 제거하는 일로, 사실상 물리학 이론과는 동떨어진 주제다. 그러다 보니 물리학을 전공한 사람들로서는 매력을 느끼지 못할 수 있다. 하지만 중력파 검출에 없어서는 안 될 가장 중요한 과정 중 하나로, 비유하자면 주연급이 아닌 카메오 조연과도 같은 일이다. 중력파를 발생시키는 천체나 그것을 연구하는 천체물리학과 직접적인 관련은 없지만, 이 프로젝트를 수행하면서 다양한 수학적 알고리즘과 방법론, 통계분석기법은 물론 지구물리학적 잡음 인자와 그 분석기법에 대한 이해를 넓힐 수 있었다. 그러한 경험은 현재 연구소에서 수행하고 있는, 미세 중력을 측정하여 지진이나 화산 등의 재난 분석에 적용하는 연구에 도움이 되고 있다. 이처럼 이후의 연구 주제와 과정을 생각하면, 마치 실험가인 패러데이와 유사한 연구자로 변신한 것 같기도 하다.

하지만 어쩌면 이런 구분은 무의미할 것이다. 물리학자로서 연구의 최종 목표는 이론이냐 실험이냐를 떠나서 자연의 궁금증을 해결하는 데 있기 때문이다. 궁금한 문제를 해결하기 위해서는 그 과정에 필요한 지식과 방법론이 이론이든 실험이든, 물리학이든 수학이든 화학이든 컴퓨터 공학이든, 가리지 않고 총동원할 필요가 있다. 그것이 자연을 대하고 탐구하는 탐구자의 자세일 것이다. 따라서 이론가는 실험을 이해할 필요가 있고, 실험가는 이론에도 몰두해야 한다고 생각하며, 이런 생각과 태도를 잊지 말자고 마음먹고 있다.

나의 멘토,
킵 손 교수님과의 인연

이론물리학 전공으로 박사학위를 받았지만 여전히 배워야 할 것들이 넘쳐 나고 있고, 다음 커리어를 위해서 매년 일정 편수의 논문을 출간해야 하는 압박이 있다. 그래서 항상 최신의 논문을 검색하면서 분야를 주도하는 주제와 흐름이 무엇이고, 그 연구에서 새로운 아이디어를 떠올려서 할 수 있는 연구가 무엇인지를, 먹이를 찾아 산기슭을 어슬렁거리는 하이에나처럼 찾아다닌다. 박사과정에서 지도 교수님께 배웠던 가장 핵심적인 태도가 논문을 읽고 리뷰할 때 항상 비판적인 자세로 보고, 그 논문 한 편에서 새로운 아이디어를 최소한 한 가지 떠올려서 논문 주제로 발전시킬 수 있어야 한다는 것이었다. 교수님은 늘 "논문 한 편을 완벽하게 이해하고 계산했으면, 그것을 씨앗으로 열 편 정도는 쓸 각오를 해야 한다"고 말씀하셨다. 그 과정에서 부족한 관련 지식을 채워 나가는 방식으로 참고문헌 검색과 동료 연구자들과의 토론이 이루어지고, 연구 결과가 쌓이게 된다. 이런 연구는 작게는 1~2명, 많아도 3~4명이 함께하는 경우가 대부분이다. 그래서 통상 박사학위를 받은 뒤에는, 연구 경력을 쌓고 지식의 지평을 넓히기 위해 박사후연구원으로 연수 과정을 거친다.

이 기간에는 독립적인 주제로 독자적 연구를 할 수도 있지만, 보통은 연수 지도 교수가 제시하는 주제를 함께 연구하거나, 특정한 주제의 연구 프로젝트에 참여하여 연구하게 된다. 물리학의 영역이 워낙 폭넓고,

방법론과 노하우가 다양하기 때문에, 특정 연구 주제에 집중한다 하더라도 문제를 해결하기 위해서는 다양한 관점의 분석 방법과 직관, 통찰력이 필요하다. 그러다 보니 공동 연구가 필수적이고, 학문적 겸손함과 열린 자세로 서로에게 배우며 도움을 주고받을 수밖에 없다. 그렇게 공통의 문제를 해결하기 위해 진지하고 창의적인 자세로 토론과 대화와 협업을 이어 가다 보면 자연스럽게 나를 성장시키는 멘토들을 만나게 된다. 학문적 멘토는 연구논문을 통해 만나는 대가일 수도 있고, 지도 교수일 수도 있고, 함께 연구하는 동료 연구자나 대학원생이 될 수도 있다. 때로는 그 누군가가 나의 멘토이듯이 나도 누군가의 멘토가 될 수도 있을 것이다.

우연인지 필연인지, 내 경우에는 박사학위 지도 교수님을 제외하고 직간접적으로 가장 큰 영향을 받은 멘토라고 생각되는 물리학자는 한 명이다. 바로 킵 손 교수님인데, 킵 손 교수님을 실제로 만나서 대화를 나누어 본 것은 라이고-비르고 연례 총회에서가 처음이었다. 중력파가 발견된 직후인 2016년 글래스고대학에서 열린 라이고-비르고 총회에 잠깐 참석하셨는데, 식사 자리에서 대학원생, 박사후연구원 들과 함께 일상적인 대화를 나누며 후학을 격려하는 모습이 인상적이었고, 대가로서의 여유가 느껴졌다. 마침 같은 해, 킵 손 교수님이 쓴 대중과학서의 명저 『블랙홀과 시간여행』 개정판의 감수를 맡으면서 교수님에 대해 좀 더 알게 되었다. 이 책은 당신이 일생에 걸쳐 연구한 블랙홀, 일반 상대론, 중력파 등의 분야를, 동료들과의 교류와 관계를 곁들여 쉽고 자세하게 설명한 책이다. 이론물리학자이면서 이론 자체에만 매몰되지 않고, 실험과 결부시키고자 하는 관심과 노력, 그리고 한 현상을 설명하기 위해 분야를 가리지 않고 헌신하는 모습은 물리학자로서 닮고 싶고, 배워야 할 모습이라고 생각되었다.

돌이켜 보니 킵 손 교수님과의 인연이 마치 피천득 선생님의 수필 「인연」에서 저자와 '아사코'의 세 번에 걸친 만남과 비슷한 것 같아 미소 짓게 된다. 첫 번째 인연은 한참 전 대학원에서 일반 상대론 스터디 모임을 할 때 교재로 삼았던 책 『중력』의 저자로 만난 것이었다. 두 번째는 박사과정 중에 웜홀 wormhole 관련 연구를 시작하면서 접한 킵 손-마이크 모리스의 「시공간에서의 웜홀과 항성 간 여행의 응용」이란 논문을 통해서였다. 그리고 마지막 세 번째는 바로 킵 손 교수님이 일생을 바쳐 헌신했던 라이고 프로젝트에 참여한 일이다. 나는 라이고 프로젝트에 참여하면서 거대과학을 접해 볼 수 있었고, 물리학 연구의 현대적 모습에 대해서 다시 생각해 볼 수 있었다. 그리고 무엇보다도 2015년에 중력파를 성공적으로 검출하면서, 중력파 검출 실험이 시작된 후 40여 년에 걸친 노력이 결실을 맺는 것을 지켜볼 수 있었다. 이 성공에 한국 연구진의 한 사람으로서 함께 동참하고 기여할 수 있었다는 점에서 남다른 기쁨과 보람을 느낀다.

『중력파, 아인슈타인의 마지막
선물』의 저자로 강연 중인 모습.
2017년.

천재가 아니어도
천재가 되는 방법

흔히들 물리학은 천재의 학문이라고 한다. 실제로 입자가속기와 같은 거대 실험 시설이 들어서기 전만 해도 물리학은 아인슈타인, 파인먼, 디랙 같은 천재적인 인물들의 업적으로 발전해 온 면이 없지 않다. 1927년의 솔베이 학회 참석자들 사진을 보면 옆에 서 있기만 해도 다리가 후들후들 떨릴 것만 같은 물리학 천재들로 구성된, 그야말로 드림 팀이 따로 없다. 사진에 있는 29명 중 17명이 노벨상을 수상했으며, 그들 대부분은 오늘날 물리학 교과서를 장식하고 있다. 그러니 물리학은 천재가 아니면 할 수 없는 학문인가 하는 생각이 드는 것도 당연하다.

물리학의 바탕은 자연에 대한 호기심이다. 그 궁금증을 해결하기 위한 사고의 과정이 물리학의 시작이며, 수학의 체계를 이용해 객관적이고 논리적인 가설을 마련하고, 실험을 통해 검증함으로써 가설을 입증하고, 자연현상을 설명할 수 있게 된다. 그런 탐구의 방식은 규모에 차이가 있을 뿐 오늘날에도 유사하다. 하지만 실험 시설의 규모가 거대화되고, 많은 인력과 비용을 소요하는 프로젝트들이 생겨나면서 오늘날에는 수많은 연구자들이 유기적으로 결합하여 함께 과학 연구를 하게 되었다. 개개의 연구자들이 하나하나의 뉴런이 되고, 그 뉴런들이 유기적으로 연결되어 집단 지성의 천재가 되는 방식의 연구가 새롭게 탄생했다고 해도 과언이 아니다. 입자물리학의 LHC(거대 강입자 가속기) 프로젝트, 라이고와 같은 중력파 검출 프로젝트 등이 바로 대표적인 거대과학이다. 이런 거대과학 프로젝트에 참여하는 수천 명의 개별 연구자들은 최선을 다해 각자의 역할과 미션을 수행하면서 커다란 과학적 질문에 답을 찾기 위한 연구에 기여하고 있다. 또한 이러한 연구는 이제 더 이상 물리학자들만의 일이 아니라, 컴퓨터 과학, 기계공학, 전자공학, 수학, 통계학 등등 다양한 분야의 학자들이 함께 머리를 모아야 하는 융합과학이 되었다.

이처럼 오늘날 물리학은 나 혼자 스스로 천재가 되지 않아도, 여럿이 집단으로 모여서 천재가 될 수 있는 학문이다. 누구나 중요한 과학적 발견에 기여할 수 있는 길이 열려 있다. 물리학은 천재의 학문이지만, 개개인이 천재의 일부가 되어 향유할 수 있는 학문이기도 하다. 따라서 오늘날에는, 과학적 호기심은 물론이고 여럿이 지혜롭게 협업할 수 있는 사회적·민주적 태도 역시 물리학자로서 중요한 덕목이 되었다.

"과학자는 예술가만큼 세련된 심미안을
지니진 못했을지라도, 예술가가 보는
아름다움보다 더 많은 아름다움을 볼 수 있다."
_ 리처드 파인먼

김
현
철

★── 인하대학교 물리학과 교수. 인하대학교 물리학과에서 학부와 석사학위를 마치고 독일 본대학교에서 핵자들 사이의 상호작용을 연구하여 박사학위를 받았다. 1998년에 부산대학교 교수로 부임했고, 2008년부터는 인하대학교에서 학생들을 가르치며 연구하고 있다. 원래 시인이 되고 싶었지만, 어쩌다 시작한 물리학이 시만큼이나 매력적이라는 걸 깨닫고는 평생을 물리학을 하기로 마음먹었다. 독일의 보훔대학교, 미국의 코네티컷대학교, 일본의 오사카대학교와 이화학연구소, 원자력연구센터의 고등과학연구소에서 연구했고, 양성자의 구조, 펜타쿼크처럼 별난 강입자, 무거운 쿼크가 들어 있는 강입자, 강입자의 토모그래피와 생성 과정, 비섭동 양자색역학의 응용에 관해 180여 편의 논문을 썼다. 과학 교양서 『강력의 탄생』을 썼다.

시인과
물리학자

"**당신은** 왜 물리학자가 되었습니까?" 누가 이렇게 묻는다면 솔직하게 "어쩌다 보니 물리학자가 되었습니다"라고 대답할 수밖에 없다. 그러나 "어떻게 물리학자가 되었습니까?"라고 묻는다면, 대답할 말이 있다. 물리학에서도 '왜?'라는 질문보다는 '어떻게?'라는 질문이 답을 얻는 데 더 유용하다. 물리학자가 되는 길은 생각보다 쉽지 않았다. 그것도 뒤늦게 그런 결심을 했으니 물리학자가 되는 건 참 어려웠다.

아브라함 파이스Abraham Pais라는 네덜란드 출신의 이론물리학자가 있다. 그는 1940년 나치가 네덜란드를 점령했을 때 구사일생으로 살아난 사람이기도 하다. 그의 여동생은 남편과 함께 죽음의 수용소에서 재로 변했지만, 그는 살아남았다. 파이스는 암스테르담대학교 학생이던 1936년에 위트레흐트대학 교수인 헤오르허 윌렌벡의 강연을 듣고, 깊은 인상을 받았다. 윌렌벡은 이론물리학자 파울 에렌페스트Paul Ehrenfest 밑에서 박사과정으로 있는 동안 동료였던 사무엘 호우트스미트Samuel A. Houdsmit와 함께 전자의 '스핀spin'이라는 개념을 최초로 제안한 이론물리학자였다. 1938년, 학부를 마친 파이스는 윌렌벡에게 편지를 보내 면담을 신청하고, 위트레흐트까지 그를 찾아갔다. 파이스는 윌렌벡의 연구실 문을 두드리고, 안으로 들어갔다. 그리고 "혹시 교수님 밑에서 이론물리학을 전공할 수 있을까요?" 하고 물어보았다. 그 말을 들은 윌렌벡은 파이스에게 이렇게 조언했다.

"파이스 씨, 만약 물리학을 좋아한다면, 실험물리학자가 되는 걸 생각해 보는 게 어때요? 아니면 이론물리학의 수학적인 부분에 끌린다면, 차라리 수학자가 되는 건 어때요?"

그 말에 파이스는 몸이 좀 움츠러들었다. 윌렌벡 교수는 계속해서 이야기했다.

"네덜란드에서 이론물리학자가 갈 수 있는 자리는 극히 드물어요. 지금도 네덜란드 전체 물리학과 교수 중에 이론물리학자는 다섯 명밖에 없어요. 그러니 실험을 전공하거나 수학을 전공하는 편이 대학에 자리 잡기도 수월하고, 회사에 취직한다고 해도 크게 도움이 될 겁니다."

파이스는 자신 없는 목소리로 윌렌벡에게 말했다.

"윌렌벡 교수님, 그러나 저는 이론물리학이 정말 좋습니다."

윌렌벡은 아무 말 없이 파이스를 쳐다보았다. 그의 입가엔 살짝 미소가 돌았다.

"파이스 씨, 만약에 그게 참말이라면, 무슨 수를 쓰든지 이론물리학자가 되세요. 이론물리학은 당신이 상상할 수 있는 가장 멋진 학문이랍니다."

파이스는 나중에야 알게 되었지만, 윌렌벡도 자신의 지도 교수였던 에렌페스트에게서 똑같은 말을 들었다고 했다. 내가 핵물리학 이론으로 석사과정을 하고 싶다고 말했을 때, 지도 교수님이 내게 해 주신 말씀도 비슷했다.

　"자네는 이미 군대도 갔다 왔으니, 3층에 있는 광학 연구실에서 광학 실험을 하는 편이 장래를 봤을 때 훨씬 나을 것 같은데?"

　그리고 내 대답은 파이스가 윌렌벡에게 한 말과 비슷했다. 나는 실험보다는 이론물리학에 더 끌린다고 말했다.

　그렇게 나는 이론물리학자가 되는 길로 들어섰다. 처음에는 시인이 되고 싶었으나 결국 나는 이론물리학자가 되었다.

시를 쓰며
몰입하는 법을 배우다

이론물리학자 알베르트 아인슈타인의 이름을 들어 본 건 초등학교 4학년쯤이었을 것이다. 집에 과학 전집이 있었는데, 거기서 상대성이론을 처음으로 세상에 내놓은 사람이 아인슈타인이라고 했다. 상대성이론이 무엇인지 모를 때였지만, 사진으로 본 그분의 눈빛과 엉클어져 있는 머리 모양은 보는 사람의 마음을 들뜨게 했다. 그리고 상대성이론이라는 말이 내 뇌리에 깊이 박혔다. 그의 이름을 다시 접한 건, 중학교 때 읽은 조지 가모 George Gamow의 『중력』이라는 책에서였다. 그때 처음으로 물리학이란 학문에 관심이 생겼다. 중력을 제대로 이해하는 데 아인슈타인의 일반 상대성이론이 중요하다는 사실도 처음 알게 되었다. 그 책에는 중력 때문에 공간이 굽어 있다는 말도 있었다. 그 이론이 무엇인지 궁금해졌다. 막연히 상대성이론이 아인슈타인이 쓴 책 제목일 거로 생각했다. 그래서 어느 일요일에 종로서적까지 가서 상대성이론이라는 책을 찾아 헤맸다. 그러나 그 책은 찾지 못했고, 엉뚱하게 조흔파 선생이 쓴 『얄개전』만 샀다. 그 책이 얼마나 웃겼던지 버스 안에서 그 책을 읽으면서 내내 낄낄거렸다. 중학교 때는 아인슈타인을 흠모하기도 했고, 과학부 동아리 활동도 했으니, 그때까지만 해도 물리학에 관심이 있었다. 혼자서 고등학교 물리 참고서도 사서 공부하면서 몇몇 공식은 혼자서 유도해 보기도 했다. 어쩌면 물리학의 씨앗이 그때 내 속에 뿌려졌는지도 모르겠다.

당시에 고등학교에 가려면 연합고사라는 시험을 봐야 했다. 그리고 가고 싶은 고등학교를 내가 선택해서 가는 게 아니라 추첨으로 다니게 될 학교가 결정되었다. 내가 가게 된 고등학교는 집에서 좀 떨어진 곳이었고, 게다가 가장 가고 싶지 않은 학교였다. 첫 등굣길에 정문을 지나는데 마치 삼엄한 경계를 펼치고 있는 군부대를 들어가는 것만 같았다. 그곳을 지키고 서 있는 선도부 선배들은 들어가서는 안 될 비밀 요새를 지키는 군인처럼 보였다. 그 선배들은 모자는 똑바로 썼는지, 머리카락의 길이는 충분히 짧은지, 교복의 단추는 제대로 채웠는지 꼼꼼히 점검하였다. 행여 선도부 선배들에게 걸리면 정문을 들어가기 전에 혼쭐부터 나야 했다. 첫날부터 고등학교 생활이 쉽지 않을 것 같다는 불길한 예감이 들었다.

그러던 어느 날, 수업 중에 충격적인 장면을 보았다. 영어 수업 시간이었는데, 학생 한 명이 영어 선생에게 농담했다가 5분도 넘게 구타를 당했다. 손발을 휘두르는 선생 앞에 학생은 단련용 목각인형이나 다름없어 보였다. 끔찍한 폭력이 자행되는 그 현장에 인간이 있을 곳은 없어 보였다. 고등학교 생활에 정나미가 떨어졌다. 학교에 다닌다는 게 숨이 막힐 정도로 답답했다. 영어 공부를 비롯한 모든 공부에 흥미를 잃은 건 그때부터였을 것이다. 게다가 어머니께서 몹시 편찮으셨으니 엎친 데 덮친 격이었다. 성적은 우물 속에 던져진 돌처럼 떨어졌다. 고등학교 2학년 때는 성적이 떨어졌다고 아버지에게 봄날 이불 털 듯이 먼지 나게 맞았다. 고3 때는 반 등수를 뒤에서부터 세는 게 훨씬 더 빠를 정도였다. 말 그대로 하위권 학생이 된 것이었다.

　　탈출구가 필요했다. 중학교 때부터 좋아했던 시와 음악이 나의 탈출구였다. 중학교 때 프란츠 폰 주페의 〈시인과 농부 서곡〉을 들으며 클래식 음악을 접하게 되었다. 베토벤과 브람스, 모차르트, 멘델스존, 차이콥스키의 음악은 내게 새로운 세계가 있음을 알려 주었다. 고등학교에 들어가서는 시를 읽기 시작했다. 단 한 문장으로 사람의 마음을 움직이는 시가 좋았다. 나는 점점 더 시에 빠져들었다. 어쩌면 시인이자 시나리오 작가였던 외삼촌의 영향이었는지도 모르겠다. 고등학교 2학년 때 시를 본격적으로 배우고 싶어서 문예부에 가입했다. 그리고 거기서 시를 가르쳐 주시는 국어 선생님을 만났다. 1980년, 「놉의 딸」이라는 소설로 한국문학 신인상을 받은 소설가이기도 했던 그분은 내가 쓴 시를 보시고 여전히 감상적이고 논리의 비약이 있지만, 살 다듬으면 좋은 시가 되겠다고 말씀하셨다.

거기에 힘을 얻은 나는 정성 들여 시를 써서 선생님께 가져갔다. 그때 좋은 시를 쓰려면 우선 감상과 관념을 걷어 내야 한다는 걸 배웠다. 그런데 고등학교 2학년으로 올라가면서 정작 나는 문과가 아니라 이과를 선택하였다. 문·이과를 나누기 전에 학교에서 적성검사를 실시하였다. 언어능력 100퍼센트, 문과 적성 93퍼센트, 이과는 38퍼센트가 나왔다. 이 정도면 문과를 선택하는 게 옳았겠지만, 부족한 쪽이 이과니 내 부족함을 메우려면 이과를 선택하는 게 더 나을 것 같다고 판단했다. 하지만 이과반을 선택한 것이 무색하게, 2학년이 되면서 학교 공부는 멀리하고 본격적으로 시를 쓰기 시작했다. 문예부 대표로 외부 문학 백일장에도 나갔다. 나는 「돌담」이라는 시를 써서 차상을 받았다. 학교로 돌아와서 그 시를 선생님께 보여 드리자 맨 마지막 연만 잘 썼더라면 장원도 했겠다고 말씀하셨다. 시 공부를 계속하였다. 시를 읽으면서 엘뤼아르나 로트레아몽 같은 프랑스 초현실주의 시인들의 시에도 빠져들었다.

　　방학 때는 한 달 내내 두문불출하고 방에 처박혀 시만 쓴 적도 있었다. 고등학교 3학년 여름방학이 되어서도 마찬가지였다. 한번은 친구가 집에 찾아와서 시를 쓰고 있는 내게 한마디 던졌다. "대학, 안 갈 거야? 대학은 가야 하잖아?" 하지만 여전히 시를 쓸 생각 외에 다른 걸 떠올려 본 적이 없었다. 막연히 앞날이 걱정되긴 했다. 여름방학이 끝나기 전, 학교에 갔다. 교정은 텅 비어 있었다. 복도로 들어서자 유리창을 통해 한여름의 강렬한 햇빛이 들어왔다. 햇빛을 받은 먼지들은 마치 나비처럼 춤을 췄다. 그 모습을 보자 시상이 떠올랐다.

"8월은 유리창에 비친 태양의 그늘."

그게 내가 마지막으로 시작 노트에 적은 시구가 되었다. 그리고 뜬금없이 대학에 가야겠다는 생각이 들었다. 시를 쓰든, 다른 무엇을 하든, 친구 말마따나 대학은 가는 편이 좋아 보였다. 그때가 8월 말이었으니 대학에 입학하려면 반드시 치러야 할 대입학력고사 날이 삼 개월도 채 안 남은 시점이었다.

시를 썼으니 국어는 어느 정도 자신이 있었지만, 문제는 수학과 영어였다. 수학은 고등학교 2학년 학기말고사 때 영점을 받았을 정도로 이미 최저점이었다. 영어도 짧은 시간 안에 잘하는 건 불가능했다. 그래도 시험 준비는 해야 했으니 한 과목이라도 잘 공부하겠다고 마음먹었다. 내가 선택한 건 생물 과목이었다. 삼 개월 동안 생물 공부만 했다. 그때 나는 이미 하위권 학생이었다. 하위권 학생이라는 말은 교실의 주변부에 머무는 학생이라는 말이다. 담임 선생님도 그렇고 다른 선생님들도 그렇고 하위권 학생들에게는 그다지 큰 관심을 기울이지 않았다. 이 경험은 나중에 학생들을 가르칠 때 큰 경험이 되었다. 공부를 전혀 하지 않던 하위권 학생이 갑자기 열심히 하자, 담임 선생님은 내 곁을 지나시면서 이렇게 말씀하셨다. "이 녀석아, 진작 열심히 하지 그랬니." 담임 선생님이 뭐라고 하시든 말든 나는 아침부터 밤까지 생물 공부만 했다. 시험 날짜는 점점 다가오고 있었다. 정말 열심히 공부했지만, 삼 개월 동안 생물책 한 권을 다

외우는 건 쉽지 않았다. 결국, 마지막 남은 유전 부분을 공부하지 못했다. 학력고사 때 생물 시험 문제를 푸는 데 5분이 채 걸리지 않았다. 유전에서 나온 마지막 두 문제를 제외하고 답을 잘못 쓴 문제는 하나도 없었다. 아마도 조금 더 일찍 공부를 시작했더라면, 생물 시험 만점을 받는 것도 가능했을 테지만, 내겐 시간이 없었다.

뒤돌아보니 고등학교 삼 년 동안 시를 쓰며 보낸 시간은 헛된 시간이 아니었다. 삼 년 동안 오직 한 가지에만 몰두했던 경험은 훗날 물리학을 연구하면서 내겐 두고두고 자산이 되었다. 아무리 어려워도 중간에 포기하지 않는 것은 시상이 떠오르지 않아 벽을 쳐다보면서 숱한 시간을 보내던 것과 별반 차이가 없었다. 몰입하지 않으면 시를 쓸 수 없었다. 서너 시간을 쉬지 않고 시 한 줄을 썼다 지웠다 하던 것이나 문제가 잘 풀리지 않아 문제를 잘못 풀어놓은 종이를 수없이 쓰레기통에 버리던 것이나 다를 게 없었다. 나는 그렇게 시를 쓰면서 몰입을 배웠다.

내가 받은 학력고사 성적으로는 역설적으로 갈 대학이 많았다. 담임 선생님은 서울에 있는 한 대학의 환경공학과를 권하셨다. 시를 가르쳐주신 선생님은 문예창작과를 가라고 조언하셨다. 너 정도면 시인이 되는 게 그다지 어렵지 않을 거라는 말씀을 덧붙이셨다. 그러나 그 당시에 이과에서 문과로 가려면 불이익이 있었고 성적도 가고 싶은 문예창작과를 가기에는 부족했다. 무슨 이유인지 물리학과가 적당할 것 같다는 생각이 떠올랐는데, 어쩌면 중학교 때 경험 때문일지도 모르고, 아니면 물리학과를 디딤돌 삼아서 문학이나 공학 같은 다른 분야로 가고 싶어서였는지도 모르겠다. 그길로 나는 인천까지 내려가 인하대학교 물리학과에 입학 원서를 넣었다. 인천, 태어나서 처음 가 보는 곳이었다. 나중에야 알게 되었지만, 인하대는, 조선이 망한 뒤 하와이로 간 한국인들이 사탕수수밭에서 죽을 고생을 해 가며 번 돈으로 세워진 학교였다. 대학의 이름도 인천을 뜻하는 '인'과 하와이를 뜻하는 '하'에서 왔다고 했다. 원래는 공대로 시작했지만, 종합대학이 되면서 공과대학 말고도 여러 대학이 생겼다. 물리학과는 1979년에 생겼기 때문에 교수님들의 수가 적었다. 원서 마감 후 뉴스를 보고 내가 인하대에 합격했다는 사실을 알았다. 인하대 물리학과의 경쟁률은 0.9 대 1이었으니 정원 미달로 합격이었다. 경쟁도 거치지 않고 대학에 진학한 셈이었다.

내가 입학했을 때 물리학과 교수님들의 수는 네 명에 불과했다. 그때는 학교에 야간반도 있어서 인하대 교수들의 주간 평균 강의 시간이 20시간이 넘었다. 아무리 뛰어난 교수라고 해도 일주일에 스무 시간 넘게 강의하면, 제대로 된 강의를 할 수가 없다. 그런 강의가 재미있을 리도 없었다. 숙제도 없으니 혼자서 공부하지 않으면 안 되었다. 4년 동안 배운 과목 중에서 숙제를 내 준 과목은 3학년 때 배웠던 '수리물리학'이 거의 유일했을 것이다. 학교생활은 지루했다. 게다가 집에서 학교까지 가는 데 두 시간 남짓 걸렸으니, 통학하느라 길거리에서 네 시간이나 허비해야 했다.

뒤늦게 물리학에
눈을 뜨다

1학년 때와 2학년 때까지는 물리학에 그다지 흥미가 생기지 않아 학점을 적당히 받을 정도로만 공부했다. 물리학에 집중하기로 마음먹은 건 2학년 2학기가 끝나고 나서였다. 앞날도 고민해야 했고, 마음을 접은 시에 미련을 갖는 것도 어리석어 보였다. 1981년에 읽었던 곽재구 시인의 시가 떠올랐다. 「사평역에서」. 그 정도로 훌륭한 서정시를 쓸 수 있을 것 같지도 않았다. 그리고 무엇보다 물리학을 선택했으니 이제는 시에 대한 꿈은 접고 물리학을 공부하는 게 내가 할 일처럼 느껴졌다. 헤매는 것은 지금까지로도 충분하다고 여겼다. 이제 방향을 잡아야만 했다.

물리학 공부를 시작하면서 첫 번째 맞닥뜨린 벽은 수학이었다. 중학교 때까지만 해도 수학을 못하진 않았지만, 고등학교 때 공부를 전폐했으니 수학도 마찬가지였다. 고등학교 2학년 학기말에 본 수학 시험은 다섯 개인지, 여섯 개인지 중에서 하나를 고르는 객관식 시험이었다. 수학 공부를 전혀 하지 않았지만, 부정행위를 한다거나 번호 하나만을 선택해서 찍는다거나 하진 않았다. 무엇이 나오든 열심히 풀었다. 결과는 영점이었다. 시험 문제를 낸 선생님이 문제 속에 숨겨 놓은 함정은 오로지 나를 위한 것이었는지도 모르겠다. 분명히 문제를 풀었는데, 내가 선택한 답은 모두 오답이었다. 그렇게 고등학교 2학년 성적표에 내 수학 성적은 '가'가 되었다. 그러니 물리학을 진지하게 고민하면서 내가 넘어야 할 첫 번째 벽은 수학이었다. 어떻게 해서든지 이 벽을 넘어서야만 했다. 3학년 때 수리 물리학을 공부하면서 고등학교 때 배웠어야 할 수학과 대학교 1학년 때 배운 미적분학을 다시 공부해야만 했다. 영어로 쓰인 교재들을 읽으려면 영어 공부도 해야 했다. 그러나 문제는 정작 공부에 들일 시간이 많지 않다는 것이었다. 긴 통학 시간을 아끼려면 새벽에 등교하는 길밖에 없었다. 그러면 텅 빈 버스 안에서 공부할 수 있으니 통학하는 시간도 공부하는 시간으로 돌릴 수 있었다. 그래서 새벽 3시 50분에 일어나 5시에 버스를 탔다. 아침 일곱 시가 다 되어서 학교에 도착하면 바로 도서관으로 향했다. 그러나 공부에 몰입한다는 것이 쉽지 않았다. 처음 삼 개월은 무엇보다 졸음과 싸워야만 했다. 이건 당연한 일이었다. 내내 공부하지 않다가 갑자기 공부를 시작하니, 뇌에서 경기를 일으키는 것만 같았다. 굳었던 뉴런에 불꽃이 다시 튀니 뇌가 경기를 일으켰다는 말도 그다지 틀린 말은 아닐 것이다. 졸음이 쏟아지면 도서관 책상 위에 엎드렸다가 잠들기 일쑤였지만, 앉은 자리를 떠나지는 않았다. 일어나면 다시 공부했고, 졸리면 다시 잤다. 졸음에 굴하지 않고 싸울 수 있었던 건, 고등학교 때 시를 쓰면서 익힌 몰입의 훈련 덕이었을지도 모른다.

그렇게 삼 개월 정도 졸음과 싸우고 나자 서서히 머리가 작동하기 시작했다. 자리에만 앉으면 졸리던 현상도 점차 사라져 갔다. 수업 시작 전 두세 시간은 그날 공부할 내용을 예습했고, 수업이 끝나면 도서관까지 뛰어가서 다시 그날 배운 것을 복습했다. 집으로 가는 길에는 영어 단어를 외우거나 그날 배운 걸 혼자서 다시 써 보곤 했다. 도서관에 다니면서 가장 힘든 기간이 시험 때였다. 그땐 아침 일곱 시에 도서관에 도착해도 자리를 잡기 힘들었다. 그래서 시험 기간에는 시험을 치르는 시간을 제외하곤 집에 머물면서 공부를 했다. 그런 점에서 시험 기간이 내겐 가장 편안한 주였다. 시험이 끝나면 다시 새벽에 일어나 도서관으로 갔다. 시험 기간이 끝나고 난 뒤의 도서관은 사람이 거의 없어 조용했다. 실내 공기조차 상쾌했다. 아무도 없는 도서관에 혼자 앉아서 공부한다는 것은 참 행복한 경험이었다.

　　3학년 1학기 학점은 교양 과목인 '윤리학'을 제외하면 모두 A+였다. 처음으로 공부하면서 성취감을 얻었다. 그렇다고 갑자기 물리학에 관심이 생긴 건 아니었다. 공부에 조금씩 재미가 생겼지만, 공부를 계속하겠다는 결심을 하진 않았다. 4학년이 되자 인하대 물리학과에 교수님 두 분이 새로 부임해 오셨다. 그중 한 분은 핵물리학 이론을 전공하신 차동우 교수님이셨다. 그분이 가르치시는 '핵물리학'을 수강했는데, 어느 날 교수님이 강의하시다 말고 이렇게 말씀하시는 것이었다. "책에 있는 대로 가르치니 조금 갑갑합니다. 우리, 여기서 한 발 더 깊이 들어가 봅시다." 그리고 교수님은 제2 양자화라는 것을 가르치셨는데, '양자역학' 때 배운 내용보다 훨씬 깊은 내용이었다. 그때 물리학에서 입자가 생겼다가 다시 사라지는 것이 무슨 의미인지 조금 알게 되었다. 그날 나는 난생처음으로 물리학이란 학문에 매력을 느꼈다. 그리고 다음 해인 1986년 2월, 학과 수

석으로 인하대 물리학과를 졸업하였다.

물리학의
아름다움

대학을 졸업하고 군대를 다녀온 뒤, 인하대 대학원에 진학하기로 마음먹었다. 그래서 4학년 때 내게 깊은 인상을 주셨던 차동우 교수님을 뵈러 갔다. 교수님은 내게 실험을 전공하길 권하셨다. 이론물리학은 취업도 쉽지 않고 공부하기도 어려우니 나처럼 군에 다녀온 학생들은 광학 실험을 전공한 뒤, 바로 취업하는 게 가장 좋다고 하셨다. 그러나 나는 이론물리학을 공부하고 싶고, 취업이 잘 안 되는 위험은 감수하겠다고 말씀드렸다. 그러자 "네 결심이 그렇다면 내 연구실에 미리 들어와서 공부해"라고 말씀하셨다. 그때는 깨닫지 못했지만, 나는 이날 〈반지의 제왕〉에서 빌보 배긴스가 간달프를 만나면서 뜻밖의 여정을 시작했듯이 비로소 물리학을 제대로 배울 수 있는 길로 들어선 것이었다. 대학원 시험을 치르기 전에 교수님은 내게 학부 전자기학 문제를 숙제로 내 주셨다. 아마도 내 실력을 테스트하고 싶으셨을 것이다. 그 문제를 다 풀어서 가져갔더니, 교수님께서는 제법 잘한다며 흡족해하셨다. 요즘은 대학원 입학 때 주로 면접만 보지만, 그때는 면접 전에 우선 시험을 치러야 했다. 나는 대학원 시험에서 거의 만점을 받았다.

대학원에 들어가 연구실 세미나를 하면시 지도 교수님께 배운 것

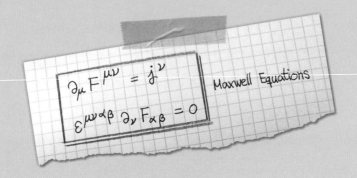

$$\partial_\mu F^{\mu\nu} = j^\nu$$

$$\varepsilon^{\mu\nu\alpha\beta} \partial_\nu F_{\alpha\beta} = 0$$

Maxwell Equations

그건 일종의 에피파니였다.

아인슈타인의 특수 상대성이론에서

맥스웰 방정식이 나올 수 있다는 사실을 알게 되었을 때

그야말로 온몸에 전율이 일 만큼 짜릿했다.

중에서 가장 중요한 것은 '물리학 책을 올바로 읽는 법'이었다. 그전까지 만 해도 교과서를 깊이 생각하며 읽지 않았다. 물리학에서도 숙독熟讀이 중요했다. 한 줄씩 곰곰이 따져 가며 읽어야 했고, 교과서에 나오는 식은 모두 스스로 증명해야 했다. 지도 교수님께 배운 방법은 논문을 읽을 때도, 대학원 과정의 다른 과목을 공부할 때도 마찬가지로 적용되었다.

그렇게 혼자서 전자기학과 상대성이론을 공부하던 중에 나는 처음으로 눈앞에서 마치 지평이 열리는 듯한 경험을 했다. 그건 일종의 에피파니epiphany였다. 아인슈타인의 특수 상대성이론에서 맥스웰 방정식이 나올 수 있다는 사실을 알게 되었을 때 그야말로 온몸에 전율이 일 만큼 짜릿했다. 그때까지만 해도 내게 맥스웰 방정식이란 실험 사실을 모아서 경험적으로 알게 된 네 개의 식이었다. 그러니까 전하가 있으면 전기장이 생겨난다는 쿨롱의 법칙, 자기장을 만드는 자기홀극magnetic monopole은 존재하지 않는다는 식, 전류가 있으면 자기장이 생기고 전기장이 시간에 따라 변해도 자기장이 생긴다는 암페어-맥스웰 법칙, 자기장이 시간에 따라 변하면 전기장이 유도된다는 패러데이 법칙, 이 모든 법칙을 수학적으로 나타내면 맥스웰 방정식으로 귀결된다는 사실은 학부 2학년 때 전자기학을 공부한 학생이라면 잘 알고 있다. 이 맥스웰 방정식은 과학적 귀납법의 대표적인 예로 삼을 수도 있을 만큼 이미 아름다웠다. 그러나 오직 상대론적 불변에서부터 똑같이 생긴 맥스웰 방정식을 연역적으로 끄집어낼 수 있다는 사실을 알게 되었을 때 마치 눈앞을 가리던 비늘이 떨어져 나가는 듯한 기분이 들었다. 물리학이 아름다워도 이토록 아름다울 줄은 미처 몰랐다. 그건 단 한 줄로 사람의 심금을 울리는 시와 같았다. 단 네 개의 식으로 거시 세상의 모든 전자기적인 현상을 설명할 수 있다는 사실도 놀랍기 짝이 없지만, 그 네 개의 식을 관통하는 것이 상대성이론이라니! 위대한 시인이 시로 남긴 심오한 은유에 빗대도 맥스웰 방정식은 부족할 게 조금도 없었다. 처음으로 물리학을 선택했다는 사실이 기뻤다. 그러나 이 놀라움도 그 다음에 알게 된 사실에 비하면, 놀라움 축에도 들지 못했다.

석사학위에 필요한 연구를 하려면, 우선 기초적인 양자장론quantum field theory을 배워야 했다. 양자장론 공부를 처음 시작하는 학생이 배우게 되는 것은 양자전기역학이다. 양자전기역학을 거의 다 공부할 즈음해서 전자의 재규격화 이론이 나온다. 이 이론으로 전자의 자기모멘트를 계산할 수 있다. 계산 과정은 그때까지 배운 그 어떤 내용보다도 복잡했지만, 그 복잡한 계산이 끝난 뒤 드러난 결과는 놀랍도록 단순하였다. 이 자기모멘트에는 g인자g-factor라고 부르는 양이 들어 있는데, 전자의 g인자는 소수점 밑으로 열네 자리까지 실험적으로 매우 정밀하게 측정되어 있다. 그런데 양자전기역학은 이 g인자를 놀랍도록 정확하게 예측한다. 교과서 수준에서 계산한 결과만 해도 소수점 아래 일곱 번째 자리까지 실험 결과와 같고, 제대로 계산하면 소수점 밑으로 열한 번째 자리까지 실험과 일치한다. 이런 결과 때문에 리처드 파인먼은 "양자전기역학은 실험과 같다"라는 말까지 했고, 2020년에 노벨 물리학상을 받은 로저 펜로즈도 "양자전기역학만이 유일하게 제대로 된 이론"이라고 했다. 이 g인자의 계산을 처음 접했을 때 느낀 놀라움은 이루 말할 수 없었다. 그때야 비로소 이론물리학이라는 학문의 본질을 제대로 알게 되었다. 탄성이 절로 나왔다.

양성자의 구조 연구에
입문하다

어느 정도 연구할 준비가 되자, 지도 교수님은 내게 스컴 모형Skyrme model이라는 걸 공부해 보라고 하셨다. 스컴 모형은 양성자를 비롯한 바리온*의 구조를 설명하는 모형이다. 1960년대 초에 나온 모형이었지만, 이 모형을 내놓은 스컴Tony Skyrme의 아이디어가 워낙 시대를 앞서간 탓에 스컴 모형의 진가를 제대로 이해하기 위해서는 세월이 좀 더 흘러야만 했다. 마침내 1980년대 초반, 에드워드 위튼Edward Witten이라는 천재 이론물리학자가 위상수학의 힘을 빌려 스컴 모형에 새로운 생명을 불어넣었다. 위튼의 손길을 받아 재탄생한 스컴 모형이 나오자마자 사람들은 너도나도 이 모형에 뛰어들었다. 한국도 예외가 아니었다. 내가 대학원을 다닐 즈음에는 서울대와 한양대에 있는 그룹에서도 좋은 연구 결과를 내놓고 있었다. 다른 그룹과 달리 나는 혼자서 공부해야만 했다. 그러나 혼자서 스컴 모형을 공부하는 건 무척이나 어려웠다. 우선 수학을 좀 더 깊이 알아야 했다. 그중에서도 위상수학topology에서 나오는 호모토피homotopy라고 불리는, 연속변형함수를 구분하는 방법을 익혀야 했다.

---

* 양성자나 중성자처럼 주로 쿼크 세 개로 이루어진 입자.
  쿼크 네 개와 반쿼크 하나로 이루어진 바리온(baryon)도 있는데,
  이런 바리온을 펜타쿼크(pentaquark)라고 부른다.

호모토피. 생전 처음 들어 본 단어라 어디서부터 공부해야 할지 막막했다. 그래서 무작정 수학과에 있는 강사 한 분을 찾아가서 호모토피가 무엇이냐고 물었다. 그분은 친절하게도 날 위해서 두 시간 정도 강의를 해 주겠다고 약속하셨다. 그분은 나를 앞에 두고 호모토피가 무엇인지 정성껏 설명해 주셨지만, 역시 어렵긴 매한가지였다. 그땐 인하대학교 도서관에 비치된 물리학 분야 논문이 별로 없었다. 스컴 모형을 이해하는 데 필요한 논문을 구하려면 서울 홍릉에 있던 KAIST 도서관에 가야 했다. 나는 거기서 배낭 한가득 논문을 복사해 와서 스컴 모형을 공부했다. 그렇게 조금씩 스컴 모형을 알아 갔다. 그다음 문제는 그 모형을 이용해서 양성자의 성질을 계산하는 데 필요한 코드를 구하는 일이었다. 프로그램의 경험이 많지 않았던 나는 한양대에서 스컴 모형을 연구하고 있다는 이야기를 듣고 그곳에 있는 박사과정생 한 분을 접촉해서 프로그램을 얻을 수 있었다. 이 모형을 배울 때만 해도 내가 30년 넘게 양성자의 구조를 연구하게 될 줄은 몰랐다.

또 다른
만남

살면서 누구를 만나느냐가 대단히 중요하다. 석사과정 동안 지도 교수님께 물리학을 배울 수 있었던 건 큰 행운이었다. 나는 석사과정에 이르러서야 처음으로 이론물리학이라는 학문에 빠져들었다. 그리고 평생 이론물리학을 공부할 수 있으면 참 좋겠다고 생각했다. 지도 교수님은 석사학위를 마친 후에 계속해서 박사학위를 하고 싶다면, 미국으로 가라고 조언하셨다. 물리학도 중요하지만 재미있게 지내는 것도 중요하다면서, 만약에 스키를 배우고 싶다면 미국 북부로 가고 수영이 좋다면 남쪽으로 가라는 말씀도 덧붙이셨다. 그래서 대학원 2년차부터 미국 유학을 염두에 두고 연구하는 틈틈이 영어와 GRE 공부를 하고 있었다. 그러던 어느 날, 독일 교수 한 분이 인하대학교를 방문하셨다. 그분은 지도 교수님이 독일에서 연구원으로 계실 때 몸담았던 연구소의 소장이었다. 요제프 슈페트Joseph Speth라는 분이었는데, 훗날 내 박사학위 지도 교수가 되실 분이었다. 그분은 지도 교수님에게 혹시 괜찮은 석사과정 학생 중에서 독일에서 공부할 친구가 있으면 소개해 달라고 했다. 지도 교수님은 내게 독일로 유학 갈 생각이 없느냐고 물으셨다. 미국에서 공부할 계획을 세워 둔 터라 며칠 생각해 보겠다고 했다. 지도 교수님은 독일에 가면 월급도 준다고 하니 가는 쪽으로 생각해 보라고 하셨다. 내가 독일에서 유학하게 된 것도 물리학과에 진학한 것만큼이나 내 인생에서 뜻밖의 사건이었다.

홀로서기

독일 뒤셀도르프에서 아헨까지 연결된 44번 고속도로를 따라가면, 율리히Jülich라는 작은 도시가 나온다. 제2차 세계대전 때는 군수공장이 있어서 연합군의 폭격에 도시의 97 퍼센트가 파괴되기도 했다. 이곳에는 1956년에 세워진 핵 연구소가 있었는데 1990년대 들어 연구 분야를 확대하면서 이름을 '율리히연구센터 Forschungszentrum Jülich'라고 바꿨다. 핵발전에 대한 반감이 커진 사회 분위기도 반영되었을 것이다. 이 연구센터는 당시 물리학, 화학, 생물학, 에너지, 컴퓨터 분야의 연구소들로 이루어져 있었다. 내가 3년 동안 지내면서 연구할 곳은 '핵물리연구소 IKP, Institut für Kern Physik'였다. 이곳에는 COSY라고 하는, 양성자를 2 기가전자볼트*까지 가속할 수 있는 가속기도 있었다. 나는 이 연구소의 이론 부서 소속으로, 1990년 5월 2일에 공식적으로 이 연구소의 연구보조원이 되었다. 연구소 소장인 슈페트 교수님은 율리히에서 대략 70 킬로미터 떨어져 있는 본대학교 Universität Bonn의 교수이기도 해서, 나는 연구보조원인 동시에 본대학 박사 과정 학생이 되었다.

첫날 오전 열한 시가 다 되어서야 날 직접 지도해 주실 교수님이 내가 있는 연구실로 찾아오셨다. 그분의 이름은 카를 홀린데 Karl Holinde였다. 독일에서는 지도 교수를 독토르 파터 Doktorvater(박사 아버지)라고 부른다. 지도 교수가 여성이면 독토르 무터 Doktormutter(박사 어머니)라고 부른다. 홀린데 교수님은 내 첫 번째 박사 아버지였고, 핵물리연구소 소장이셨던 슈페트 교수님은 두 번째 박사 아버지셨다. 이 박사 아버지라는 말에 나는 유교에서 말하는 군사부일체를 떠올렸지만, 실상은 달랐다. 연구실로 찾아오신 홀린데 교수님은 나를 보자마자 자기를 소개하더니 바로 칠판에 가서 분필을 집어 드셨다. 그리고 칠판에 커다란 동그라미를 그리더

* 전자볼트(eV)는 원자물리학이나 핵물리학에서
  주로 쓰이는 에너지의 단위로, 1 전자볼트는 1.602×10^{-19} J이고,
  1 기가전자볼트(GeV)는 10^9 전자볼트이다.

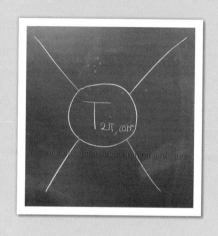

홀린데 교수님은 칠판을 보면서
"이게 당신이 연구할 주제입니다"라는 말씀만 하시고
연구실을 나가셨다. 당황스러웠다.
저 원이 뜻하는 게 무엇인지, 그리고 저 작대기 네 개가
가리키는 게 무엇인지 알 수가 없었다.

니 가운데 T를 적어 넣으신 다음, 동그라미 원주에서 바깥쪽으로 마치 작대기처럼 생긴 네 개의 직선을 그어 붙이셨다. 홀린데 교수님은 칠판을 보면서 "이게 당신이 연구할 주제입니다"라는 말씀만 하시고 연구실을 나가셨다. 당황스러웠다. 저 원이 뜻하는 게 무엇인지, 그리고 저 작대기 네 개가 가리키는 게 무엇인지 알 수가 없었다. 독일에 오기 전에 홀린데 교수님의 논문을 읽긴 했지만, 내가 박사과정 동안 연구해야 할 주제가 무엇인지 저 그림만으로는 당최 알 길이 없었다. 결국, 지도 교수님의 연구실로 찾아갔다. 그리고 내가 할 연구에 대해 다시 묻자 교수님은 나를 연구실 도서관으로 데리고 가서 논문 하나를 찾아서 복사해 주시고는, 연구년으로 연구소를 방문하고 있던 미국 교수님을 한 분 소개해 주셨다. 그분은 존 두르소John Durso라는 분이었는데, 내가 연구할 내용을 가장 잘 아는 분 중 한 분이었다. 연구소에 도착한 첫날부터 삼 개월 동안 나는 두르소 교수님에게 배웠다. 매일 그분을 찾아가면 숙제를 내 주셨고, 나는 다음 날까지 숙제의 답을 그분께 가져갔다. 이 삼 개월 동안은 박사과정이라는 게 참 재미있는 것인 줄만 알았다. 뭐랄까, 누군가를 사사한다는 느낌도 들고, 매일 아는 게 늘어나는 것 같기도 했다. 삼 개월 후, 그분은 미국으로 되돌아가시면서 앞으로 질문은 이메일로 하라고 말씀하셨다.

연구의 갈피를 잡지 못해 다시 지도 교수님을 찾아가서 이제 무얼 해야 하냐고 물었다. 그러자 교수님은 조금은 엄한 표정으로 이렇게 말씀하셨다.

"당신은 독토란트^{Doktorand}(박사과정생)예요. 박사과정 학생은 뭐든 자기가 알아서 하는 겁니다."

나는 "잘 알겠습니다"라고 답하고 내 연구실로 돌아왔지만, 당황스러웠다. 독일에 공부하러 오면, 지도 교수가 친절하게 잘 가르쳐 주리라고 여겼는데, 모든 걸 혼자서 해야 하는 것이었다. 지도 교수님은 그 후에도 내가 연구를 하든 하지 않든 큰 관심이 없어 보였다. 나중에야 알게 되었지만, 내 지도 교수님은 전형적인 독일 교수님이셨고, 박사과정 학생은 맡은 연구를 혼자서 해 나가는 게 옳았다. 그러나 정작 저 말을 들었을 때는 섭섭했다. 결국, 혼자서 연구를 시작했다. 우선 연구하는 데 필요한 논문을 읽기 시작했다. 그런데 문제가 또 하나 있었다. 나보다 먼저 비슷한 연구를 하고 박사학위를 받은 사람들의 논문이 모두 독일어로 쓰여 있다. 처음에 독일로 올 때 영어가 중요하지, 독일어는 그다지 중요하지 않다는 말을 듣고 독일어 공부에 시간을 많이 들이지 않은 게 패착이었다. 그래도 논문은 읽어야 했으므로, 부지런히 사전을 찾아 가며 박사학위 논문을 읽었다. 우선 두 편의 학위 논문을 읽어야만 했다. 그런데 한 편은 주로 능동태로 쓴 논문이었고, 다른 한 편은 주로 수동태로 작성한 논문이었다. 독일어 공부에는 도움이 되었을지 몰라도 논문을 이해하는 데는 정말 많은 시간을 들여야 했다.

한번은 우연히 지도 교수님을 만나 독일어 논문을 읽기가 힘들다고 했더니, "그러면 24시간 동안 읽으면 되겠네"라고 말씀하시는 것이었다. 교수님의 말씀은 틀린 말이 아니었다. 능력이 부족하다면 시간을 더 쓰는 수밖에 없었다. 박사학위 논문 외에도 관련 논문을 읽어 나갔다. 계산에 필요한 코드도 짜야 했다. 논문을 계속 읽으면서 동시에 코딩하는 것은 참으로 힘든 일이었다. 진도는 더디기만 했다. 내가 무슨 연구를 해야 하는지 깨달은 건 거의 일 년이 다 지나서였다. 첫날, 홀린데 교수님이 칠판에 그렸던 작대기 네 개는 처음 상태에 있는 두 개의 핵자$_i$와 나중 상태에 있는 두 개의 핵자를 의미했다. 그리고 동그라미는 그저 단순한 동그라미가 아니었다. 그야말로 복잡한 과정을 달랑 동그라미 하나로 표시한 것이었다. 핵자 사이의 힘은 파이중간자$_{\pi\text{-meson}}$가 매개한다. 그런데 저 동그라미는 하나가 아닌 두 개의 파이중간자가 상호작용하면서 다시 두 핵자 사이의 힘을 교환하는 과정을 나타냈다. 눈으로만 봐서는 절대로 이해할 수 없는 동그라미와 작대기였다. 마침내 첫 번째 결과가 나왔다. 그 결과를 지도 교수님에게 보여 드리자, "이제 생산적인 단계에 들어섰군요"라는 짧은 대답이 돌아왔다.

시간은 다시 훌쩍 지나갔다. 결과가 계속 나오기 시작하자 지도 교수님은 그제야 날 상대해 주셨다. 그러나 이번엔 영어 실력이 문제였다. 지도 교수님은 한 번씩 "네가 뭘 알긴 아는데, 영어가 부족하다"라고 말씀하셨다. 따로 영어를 공부할 시간이 없었지만, 어떻게든 짬을 내야만 했다. 그래서 단어장을 만들어 화장실에서도 이를 닦으면서도 단어를 외웠다. 영어 소설책을 읽어 주는 테이프를 사서 출퇴근 길에는 늘 테이프를

틀어서 들었다. 마지막 오 개월을 남겨 두고 박사학위 논문을 작성하기 시작했다. 이 오 개월은 내 인생에서 가장 힘들었던 기간이었다. 하루에 연구소를 두 번 출근했다. 첫 출근은 아침 열 시로, 저녁 여섯 시까지 일하다가 식사하러 퇴근했다. 그리고 저녁 여덟 시에 다시 출근해서 논문 쓰는 일과 연구소 대형 컴퓨터로 마지막 계산 작업을 하고 아침 네 시나 다섯 시에 퇴근했다. 그렇게 애쓴 덕에 계획했던 대로 박사과정을 시작한 지 삼 년이 채 안 걸려 학위 논문을 끝낼 수 있었다.

논문을 다 작성하자, 지도 교수님은 나를 당신 연구실로 부르시더니 내가 쓴 논문을 꼼꼼하게 고쳐 주셨다. 그것도 세 번씩이나 자세히 살펴봐 주셨다. 그러니까 첫 번째 지도 교수님께 내가 배운 건 논문을 어떻게 쓰느냐였다. 한편, 두 번째 지도 교수님께는 발표하는 법을 배웠다. 어느 날 슈페트 교수님이 내게 연구소에서 세미나를 하라고 말씀하셨다. 그리고는 세미나 전에 우선 당신 앞에서 발표해 보라고 하셨다. 중간중간에 질문을 하시는가 하면, 발표할 때 서 있어야 할 곳과 시선을 바로잡아 주기도 하셨다. 영어는 어차피 시간이 가면 잘하게 될 테니 지나치게 염려하지 말라고 다독이셨다. 첫 번째 세미나는 그야말로 엉망진창이었다. 생전 처음 영어로 하는 세미나라 떨리기도 했지만, 질문에 대답을 제대로 하지 못했다. 결국, 준비해 간 것의 절반 정도밖에 끝내지 못했다. 슈페트 교수님은 남은 부분을 다음 주에 계속해서 발표하라고 기회를 주셨다. 그리고 발표 전에 자기 앞에서 한 번 더 세미나를 하라고 하셨다. 이번에는 좀 더 잘해야만 했다. 두 번째 세미나는 첫 번째보다 더 수월했다. 세미나가 끝나자 한 교수님이 내게 오더니, "지난주에 비해 100 퍼센트 더 잘했어요"라고 격려해 주셨다. 제대로 된 학자가 되려면 논문을 잘 써야 하고, 발표를 잘해야 한다. 이 중요한 두 가지를 첫 번째 지도 교수님과 두 번째 지도 교수님께 배웠다.

본대학교에서 이론물리학으로 박사학위를 하려면 반드시 수학 부전공 시험을 봐야 했다. 학생들은 '복소해석'을 가르치는 교수님이 연세도 있으셔서 학생들에게 후하게 점수를 준다면서 내게 그분에게 가서 시험을 보라고 했지만, 나는 이때 아니면 또 언제 배우겠느냐며 '미분기하'를 선택했다. 담당 교수님은 한스 발만 Hans Werner Ballmann이라는 분이었는데, 막 본대학교로 부임해 온 젊은 교수였다. 시험 보기 일 년 전에 그분을 찾아가서 시험을 어떻게 치르는지 설명을 들었다. 박사학위 논문을 준비하면서 틈틈이 발만 교수가 지정한 책 두 권을 공부했다. 노트도 만들고 연습문제도 다 풀어 보면서 열심히 준비했다. 그리고 1993년 4월 27일, 박사학위 시험을 치렀다. 독일에서는 박사학위 디펜스라고 부르지 않고 박사학위 시험이라고 한다. 본대학의 경우에는 공개 발표 없이 세미나실에 가서 교수 다섯 명의 질문에 답하는 구두시험을 치러야 했다. 세미나실에는 책상이 하나 놓여 있고, 그 책상 위에는 하얀 백지가 수북이 쌓여 있었다. 나는 거기에 앉아서 교수들이 질문을 할 때마다 백지에 답을 써 가며 설명해야 했다. 시험 시간은 한 시간이었다. 질문은 내가 연구한 내용에

국한된 것만도 아니었다. 전공 구두시험은 잘 치렀다. 시험이 끝나자 시험관들은 내게 "김 박사님, 축하합니다"라며 인사를 전했다. 그러나 그 시험이 끝이 아니었다. 한 시간 후에 부전공 수학 시험을 봐야 했다. 전공 구두시험에 너무 집중한 탓인지 몸이 무척 피곤했다. 수학연구소까지 삼십 분 남짓 걸어가야 했으므로, 바로 본대학교 물리연구소에서 나와 수학연구소로 향했다. 가는 길에 무척 피곤해서 벤치에 앉아서 잠시 숨을 돌렸다. 시험 보기 며칠 전 독일 친구들이 내게 한 말이 떠올랐다.

"전공 구두시험과 부전공 시험을 한 시간 간격으로 본다고? 네가 철인이니, 그 시험을 한꺼번에 치르게?"

아, 친구들의 말이 맞았다. 박사학위 전공 시험이라는 게 이토록 사람의 기운을 다 빼놓을 줄은 몰랐다. 수학 시험은 다른 날에 일정을 잡았어야 했다.

발만 교수의 연구실에 들어가자 발만 교수와 시험 프로토콜을 작성하는 또 다른 박사 한 분이 있었다. 이번에도 나는 백지가 수북이 쌓여 있는 책상 앞에 앉아서 발만 교수의 질문에 백지에 식을 풀어 가며 답을 해야만 했다. 처음 15분은 질문에 답을 잘했다. 발만 교수가 리만 공간에서 측지선을 유도하라는 질문을 했을 때는 숨이 멎는 듯했다. 왜냐하면, 이 질문은 전날 꿈에 나온 질문이었기 때문이다. 그런데 바로 그 순간 뇌가 마치 과부하 걸린 컴퓨터처럼 정지되는 것 같은 기분이 들었다. 그 이후로 내가 무슨 답변을 했는지 전혀 기억이 나질 않았다. 발만 교수는 내게 시험 성적은 구트gut라고 했다. 나는 가장 높은 점수인 제어 구트sehr gut를 받고 싶었지만, 이 성적으로 만족해야만 했다. 어쨌거나 독일에 온 지 삼 년이 채 되지 않아 박사학위를 받았다. 그러나 박사학위를 받았다는 느낌보다는 삼 년 동안 내가 한 일이라고는 컴퓨터 앞에 앉아 프로그램을 짠 게 전부라는 생각이 들었다. 그러니까 나는 이론물리학자가 아니라 포트란 프로그래머가 된 것만 같았다. 박사학위는 무사히 받았지만, 몇 개월 동안 내내 우울했다.

박사학위를 독일에서 했으니, 박사후연구원 생활은 미국에서 하고 싶었다. 그러나 박사학위를 받을 당시에 미국 경제가 무척 안 좋아서 미국 대학이나 연구소에 연구원으로 나가기가 쉽지 않았다. 내게 관심 있는 연구소가 한 군데 있었지만, 펀드가 끊기면서 더는 연구원을 뽑지 못하게 되었다고 했다. 결국, 나는 독일에 있는 보훔루르대학교Ruhr-Universität Bochum에 있는 제2 이론물리연구소의 연구원으로 가게 되었다. 그곳에 가기 전까지 사 개월 정도 시간이 있었다. 연구소 소장인 슈페트 교수님은 사 개월 동안 박사후연구원으로 지낼 수 있게 배려해 주셨다. 박사 기간 내내 가난하게 지내다가 두 배가 넘는 월급을 받게 되었을 때 세상에 나보다 부자는 없을 것이라는 생각이 들었지만, 사 개월 정도 지나자 그 돈으로도 지내는 게 그리 쉽지 않다는 걸 깨달았다. 가난에 적응하는 건 쉽지 않아도 조금 더 나은 삶에 젖어 드는 건 한순간이었다.

인생의 롤모델을
만나다

보훔은 독일 중북부의 탄광으로 잘 알려진 루르 지방에 있는 도시다. 율리히에 비해 훨씬 큰 도시였지만, 그래 봤자 인구가 35만이 조금 넘는 중소도시다. 이곳에 있는 보훔루르대학교는 1965년에 개교했다. 제2차 세계대전이 끝난 후 세워진 첫 번째 대학이다. 그래서 본대학이나 다른 오래된 대학과는 달리 캠퍼스가 있었다. 1993년 10월 1일, 보훔루르대학교를 본 내 첫인상은 콘크리트로 이루어진 괴물 같다는 것이었다. 건물 하나하나는 웅장했고, 건물마다 이어지는 길은 마치 미로처럼 보였다. 그러나 멀리서 보면 거대한 여객선을 세워 놓은 모습이었다. 분위기는 율리히의 연구소와 완전히 달랐다. 대학답게 자유로운 분위기가 물씬 풍겼다. 나는 대학 내에 있는 제2 이론물리연구소의 연구원이 되었다.

그날 그곳 소장인 클라우스 괴케Klaus Goeke를 처음 만났다. 턱수염을 기른 그의 모습은 마음씨 좋은 동네 아저씨 같았다. 그는 유쾌하게 나를 반기면서 연구소로 오는 연구원 중에서 자기가 머물 곳을 스스로 찾은 사람은 처음 봤다며 좋아했다. 클라우스는 늘 넥타이를 하고 다녔고, 연구소 복도를 지날 때마다 바흐의 푸가를 휘파람으로 연주할 정도로 음악을 좋아했다. 심지어 신문에 새로 나온 클래식 시디의 평을 쓸 정도로 클래식 음악에 조예가 깊었다. 나보다는 스무 살이 더 많았지만, 첫 만남 이후로 클라우스가 2011년 2월 세상을 떠날 때까지 나와 클라우스는 깊이 우정을 쌓았다. 내게 학문적인 아버지가 누구냐고 묻는다면 나는 서슴없이 클라우스 괴케라고 말할 것이다.

　　처음 만난 날, 그는 내게 두 가지 주제를 주면서 둘 중 마음에 드는 것을 선택해서 연구하면 된다고 말했다. 그 주제 중 하나는 석사 때 배운 스컴 모형과 비슷한, 그러나 훨씬 발전된 모형이었고, 또 다른 하나는 아주 높은 에너지에서 일어나는 바리온 수의 변화와 관련된 연구였다. 나는 실험으로 직접 확인할 수 있는 연구에 더 끌렸다. 그리고 석사 때 공부했던 모형과 가까운 쪽이기도 해서 첫 번째 주제를 내가 할 연구로 결정했다. 그날 클라우스와 이야기를 나누면서, 내 지도 교수님이 내게 보인 모습은 무관심이 아니라 혼자서 연구를 할 수 있는 능력을 키워 주기 위함이었다는 걸 깨달았다. 클라우스가 두 가지 주제를 설명했을 때 나는 어떻게 해야 하는지 묻지 않고, 스스로 선택하고 스스로 연구해 나가는 게 당연하다고 여겼으니까. 1996년, 지도 교수님이셨던 카를 홀린데 교수님이 세상을 떠나셨을 때 말할 수 없이 미안했다. 그가 내게 가르쳐 준 것은 논문 쓰는 것만이 아니었다. 누구의 도움도 없이 홀로 설 수 있었던 것은 무관심처럼 느꼈던 그의 교육 철학 덕분이었다. 박사과정 삼 년은 내게 참 고통스러운 기간이었지만, 박사학위 과정 동안 내가 익힌 건, 홀로서기였다.

클라우스 괴케(왼쪽)와 저자(가운데). 연구소 학생(오른쪽)이
박사학위를 취득하던 날. 2004년 보훔에서.

그는 유쾌하게 나를 반기면서
연구소로 오는 연구원 중에서 자기가 머물 곳을
스스로 찾은 사람은 처음 봤다며 좋아했다.
첫 만남 이후로 먼 훗날 클라우스가 세상을 떠날 때까지
나와 클라우스는 깊이 우정을 쌓았다.

러시아
이론물리학자들

루르대학의 제2 이론물리연구소에는 러시아 상트페테르부르크 핵물리연구소PNPI, Petersburg Nuclear Physics Institute의 연구원들이 방문하고 있었다. 말이 방문이지 거의 상주하다시피 했다. 1991년 말, 소련이 붕괴하면서 러시아의 뛰어난 물리학자들이 미국으로, 유럽으로 많이 나왔다. 이곳에 있는 러시아 이론물리학자들도 마찬가지였다. 그들 중에는 나와 연배가 비슷한 학자가 두 명 있었다. 러시아 란다우 학파를 잇는 젊은 물리학자들이었다. 그중 막심 폴랴코프Maxim Polyakov는 나보다 세 살 아래였다. 막심의 지도 교수는 유명한 입자 이론물리학자인 드미트리 댜코노프Dmitry Dyakonov였다. 댜코노프의 스승이 레프 란다우Lev Davidovich Landau, 1908~1968의 제자였으니, 막심은 란다우의 학문적 증손자인 셈이었다. 나와 동갑내기인 파벨 포빌리차Pavel Pobylitsa라는 물리학자도 있었다. 그는 누구나 인정하는 천재였다. 모르는 수학이 없었고, 모르는 물리학이 없었다. 그러니까 그는 내가 살면서 처음 만난 천재 물리학자였다. 이 두 사람과 토론을 시작하면서 나는 주눅이 잔뜩 들었다. 나와 거의 동년배인데, 나와 비교해서 실력이 출중했다. 그러나 누군가와 비교해서 열등감을 느끼는 건, 쓸모없는 일이다. 얼마 지나지 않아 나는 이 두 사람을 나의 선생이라고 간주했다. 그들이 더 뛰어나다면, 그들에게서 배우면 되는 것이었다. 그렇게 마음을 먹자 거침없이 대할 수 있었다. 두 사람에게 질문하는 것도 망설이지 않았다. 그들과 토론하고 함께 식사하며 점점 친해졌다. 막심과 나는 그가 2021년 7월, 세상을 떠나기 전까지 친형제처럼 지냈다.

그 두 사람에게서 배우면서 비로소 이론물리학자로 커 간다는 느낌이 들었다. 박사학위를 받으면서 오히려 움츠러들었던 나는 보훔에서 연구에 집중할 수 있었다. 그곳에서 오 년을 지내면서 새로운 연구 주제를 많이 다룰 수 있었다. 게다가 논문도 많이 쓸 수 있었다. 1996년에는 논문을 열한 편 쓰면서 연구 능력이 최고조에 달했다. 이론물리학이라는 게 참 재미있다는 걸 알게 된 것도 보훔에서였다. 생활은 박사학위 과정 때와 비슷했다. 아침 열 시쯤 출근해서 여섯 시까지 일하고, 저녁 먹고 다시 연구소로 와서 밤 열두 시까지 연구했다.

부산대학교로
가다

1997년 말, 부산대학교에서 응집물질물리학, 입자물리학, 핵물리학 분야를 망라해서 이론물리학자 한 명을 교수로 채용한다는 공고가 떴다. 이미 그전에 여러 대학에 원서를 넣었다가 떨어진 경험이 있었으므로, 이번에도 별 기대 없이 원서를 준비해서 부산대에 접수했다. 나와는 아무런 연고도 없는 곳이고, 태어나서 한 번도 가 본 적이 없는 부산이었다. 이미 논문은 많이 썼고, 피인용지수도 나쁘지 않지만, 교수가 된다는 것이 그저 논문만 많이 썼다고 되는 것도 아니니 원서를 넣고 잊다시피 했다. 그러던 어느 날, 새벽 두 시쯤 전화가 걸려 왔다. 한국에서 온 전화였다. 외국에 있으면 새벽에 걸려 오는 전화는 묘한 두려움을 준다. 조금은 떨리는 목소리로 전화를 받았다. 부산대 물리학과 학과장의 전화였다. 내가 최종 교수 후보자 명단에 들었다고 했다. 나중에 알게 되었지만, 최종 후보는 나를 포함해 모두 여섯 명이었다. 인터뷰에는 오지 않아도 불이익을 주지 않겠다고 했지만, 당연히 가겠다고 했다. 인터뷰는 30분 세미나와 30분 면접으로 되어 있다고 했다. 30분 세미나, 이 세미나 준비에 총력을 기울여야만 했다. 슈페트 교수님의 조언과 클라우스의 조언이 함께 떠올랐다. 세미나를 할 때 서야 할 위치, 그리고 시선. 무엇보다 중요한 건, 나의 지식을 뽐내는 게 아니라 내가 한 일을 가능하면 쉬운 말로 잘 전하는 것이 훌륭한 발표라는 클라우스의 말. 독일에서 부산에 도착할 때까지 준비해 둔 발표를 머릿속에 정리하며 어떻게 발표할지 심상에 담았다.

부산역에 내려 부산대로 가는 지하철을 탔다. 거기서 들려오는 부산 사투리가 정겨웠다. 부산대학교 물리학과에 도착하자 학과장이 나와서 인터뷰하는 장소로 안내했다. 나는 준비한 대로 차분하게 내가 해 온 연구를 쉬운 말로 전했다. 나와 전공이 다른 사람들도 쉽게 알아들을 수 있도록 최선을 다했다. 그리고 이어지는 면접에서는 어려운 질문도 나왔지만, 정성껏 대답했다. 그리고 마지막 질문이 나왔다.

"부산은 사투리가 심한데, 부산에 와서 잘 적응하실 수 있겠습니까?"

내 대답은 이랬다.

"제가 고향이 경북이라 대구말은 쪼매 할 줄 암니데이."

면접하는 교수들의 웃음이 터져 나왔다.

결과가 나올 때까지 인천에 있는 부모님 댁에 머물렀다. 그리고 내가 교수로 결정되었다는 소식을 전해 들었다. 나중에 알게 된 사실이지만, 나와 함께 경쟁했던 다섯 분은 정말이지 쟁쟁한 이론물리학자들이었다. 그때 교수가 된 것은 나였지만, 같이 경쟁했던 분들도 훗날 모두 연구소와 우수한 대학의 교수가 되었다. 그리고 세 분야에서 한 명을 뽑는 자리라서 경쟁률도 30 대 1이 훌쩍 넘었다는 말도 들었다. 그 당시 부산대학교 물리학과에서는 교수를 뽑을 때 오직 논문의 우수성과 인터뷰 때 한 세미나만으로 결정한다고 했다. 학벌에 대한 고려는 없다고 했다. 부산대 물리학과에서 학벌을 따졌다면, 내가 교수가 되긴 힘들었을 것이다.

학벌주의

그러나 교수가 된 뒤, 핵물리 전공 선배 교수님이 이런 말씀을 하셨다.

"인하대 나온 사람이 연구나 제대로 할 수 있을까 걱정된다는 말이 있으니까 열심히 하세요."

난 웃고 넘겼지만, 불쾌감은 가시지 않았다. 독일에서 지내면서 그 누구도 내게 "너의 출신 성분이 무엇이냐?"라고 물은 적이 없었다. 날 판단하는 건, 오직 내가 무슨 연구를 하느냐였다. 부산대에 간 지 한참 지나서 내가 부교수가 되고 난 뒤, 새로운 신임 교수를 뽑을 때였다. 후보자 중 한 명이 영남대학교 학부를 졸업한 여성 분이었다. 교수회의에서 교수님 한 분이 질문했다.

"영남대 나온 사람이 잘할까요?"

그 말을 듣자마자 내 입에서는 이런 말이 튀어나왔다.

"우리 물리학과가 언제 그 사람의 출신 성분 보고 교수 뽑았나요?"

나도 놀랐다. 내 입에서 그런 말이 불쑥 튀어나오다니. 그래, 그것이 학벌주의였다. 그 사람이 지닌 것으로 판단하는 것이 아니라 그 사람의 출신 성분을 보고 판단하는 것. 그건 어떤 사람을 평가하거나 판단할 때 가장 손쉽고 안전한 방법이다. 내가 보홈에서 연구원 생활을 할 때, 알고 지내던 유학생들 대부분은 처음에 내가 서울대를 나왔을 것이라고 여겼다. 내가 인하대 출신이라는 사실을 알고 나서 다들 조금씩 놀랐던 것을 보면, 우리 마음속에는 알게 모르게 학벌을 기준으로 사람을 판단하는 학벌주의가 스며 있지 않나 싶다. 이런 말을 하는 나 자신도 때로는 내 속에 학벌에 좌우되는 마음이 있다는 걸 알고 놀랄 때가 있으니까. 그렇다고 이 학벌주의를 당연시할 수는 없다. 학벌에 젖어 들면 눈앞에 나타난 보물 같은 사람을 놓칠 수도 있다.

양성자 모형 중 하나를 설명하고
있는 저자. 2022년.

부산대 교수가 되고 나서, 한 가지 꿈이 생겼다. 일본에는 도쿄대와 교토대가 있다. 도쿄대는 정부 기관에서 일할 고급 인재를 양성할 목적으로 일본에서 가장 처음 세워진 대학이다. 반면에 교토대는 설립 이유가 도쿄대와는 전혀 달랐다. 교토대에서는 학문을 가장 우선시했다. 그리고 일본이라는 사회의 안티테제 역할을 하는 게 교토대였다. 한국에는 도쿄대와 비슷한 서울대가 있다. 그러나 교토대와 같은 국립대학은 없다. 그래서 나는 부산대학교에 있는 동안, 부산대가 한국의 교토대처럼 되면 좋겠다는 꿈을 품었다. 이 꿈은 나중에 인하대로 옮기게 되면서 이루지 못한 꿈으로 남았지만, 내 마음속에서는 여전히 부산대가 그런 역할을 해 주었으면 하는 바람이 있다.

부산대학교 교수가 된 뒤에 몇 가지 원칙을 세웠다. 교육을 연구보다 우선하기, 절대로 대학원생들을 내 연구를 돕는 인력으로 생각하지 않기, 학생들을 미래의 내 동료로 생각하기. 이 원칙 때문에 지금도 내 연구실에 들어오는 학생들에게 두 가지를 약속하고, 두 가지 약속을 받는다. 첫째, 내가 당신을 이용하는 일은 절대 없을 것이라는 약속. 둘째, 당신이 먼저 포기하지 않는 한, 내가 당신을 포기하는 일은 없을 것이라는 약속. 학생이 지켜야 할 약속은 게으르지 않을 것과 오만하지 않을 것이다. 게으름과 오만함은 새로운 걸 배우는 데 가장 큰 걸림돌이다. 내 연구실에서 석사를 마친 학생들은 어지간하면 외국으로 유학을 보냈다. 그건 두 가지 이유 때문이었다. 우선은 물리학을 배우려면 더 넓은 곳에 가서 더 많은 경험을 하는 게 좋을 것 같아서였고, 다음은 학벌에 민감한 한국의 현실을 극복하는 데 도움이 되지 않을까 싶어서였다. 첫 번째 이유는 여전히 타당하다고 여기지만, 두 번째 이유는 내가 옳았는지 잘 모르겠다. 그렇게 지금까지 열 명이 넘는 학생들을 유학 보냈고, 그중에서 또 몇 명은 대학의 교수와 연구소의 연구원이 되었다. 내가 연구해 온 학문이 이렇게 따라오는 세대들에게 전해진다는 게 즐거웠다. 이론물리학을 공부하면서 참 많은 걸 배웠지만, 그 못지않게 학생들과 함께한 시간이 즐거웠다.

시와 물리학

고등학교 때 품었던 시인의 꿈은 이루지 못했지만, 물리학자로 살면서 이토록 멋진 학문을 할 수 있어서 행복했다. 지나고 보니 시와 물리학 사이의 거리는 그다지 먼 것이 아니었다. 시인이 자연 속에 숨겨진 본질을 찾아 헤매듯이 물리학자도 마찬가지로 자연의 본질에 집중한다. "우리는 어디에서 와서 어디로 가는가?" 이것은 물리학에서 가장 중요한 질문이다. 프랑스 화가 고갱은 유명한 그림을 한 점 남겼다. 이 그림 왼쪽 위 귀퉁이에는 프랑스어로 이런 글이 적혀 있다. "D'où venons-nous? Que sommes-nous? Où allons-nous?(우리는 어디에서 오는가? 우리는 무엇인가? 우리는 어디로 가는가?)" 이 말은 물리학자들의 마음속에 있는 커다란 질문과 같다. 시와 예술이 인간과 인간의 삶에 대해 끊임없이 질문을 던지듯이 물리학은 우리가 어디에서 와서 어디로 가는지 답을 찾기 위해 쉬지 않고 애쓴다. 그러니 예술과 물리학은 필연적으로 서로 닮았다.

수소원자 속에 있는 양성자와 전자 사이의 거리는 0.53 옹스트롬, 미터로 말하면 0.53×10^{-10} 미터다. 양성자의 크기는 대략 10^{-15} 미터, 그러니까 1 펨토미터(물리학자들은 1 페르미라고도 부른다) 정도 된다. 양성자 관점에서 이 거리를 보면 이보다 먼 거리가 또 있을까. 그러나 원자 바깥에서 보면 저 정도 거리는 정말 가까운 거리다. 시와 물리학 사이의 관계가 딱 그렇다. 시는 곱고 엄격하게 다듬어진 언어로 인간과 인간의 삶을 다루고, 물리학은 수학의 언어로 인간이 살아가는 터전인 자연과 우주를 탐구하면서 우주의 기원과 종말을 살핀다. 시만이 지닐 수 있는 단 한 줄의 감동과 물리학에서 단 하나의 식으로 표현된 우주의 웅장함은 서로 다른 게 아니다. 고등학교 때 시를 공부하느라 보낸 그 시간 역시 내 인생에서 그저 흘려보냈던 시간이 아니었다. 그때 얻은 몰입의 경험, 언어 속에 숨겨진 미를 찾아 헤매던 경험은 물리학을 공부하면서 오롯이 내게 힘이 되어 주었다.

세상의 모든 학문은 인간이 세워 놓았다. 문학도, 철학도, 수학도, 물리학도 모두 인간에게서 나왔다. 그래서 모든 학문은 인간의 문명이 되고 문화를 이룬다. 어쩌다 보니 물리학자가 되었지만, 물리학을 시작한 지 40년 가까이 된 나도 윌렌벡이 파이스에게 했던 말을 할 수 있을 것 같다. "물리학은 당신이 상상할 수 있는 가장 멋진 학문입니다."

"오늘날 물리학은 나 혼자 스스로

천재가 되지 않아도, 여럿이 집단으로 모여서

천재가 될 수 있는 학문이다."

_오정근

김

영

기

★── 미국 시카고대학교 석좌교수. 미국물리학회 부회장. 고려대학교 물리학과에서 학사와 석사를 하고 미국 로체스터대학교에서 입자물리 실험으로 박사학위를 받았다. 로런스버클리국립연구소 연구원을 거쳐 1996년 UC버클리 교수가 되었으며, 2003년 시카고대학교로 자리를 옮겼다. 페르미국립가속기연구소 CDF 실험연구단 공동대표, 페르미국립가속기연구소 부소장, 시카고대학교 물리학과 학과장, 미국물리학회 입자물리 분과 위원장을 역임했다. 2021년 9월 한국인으로는 처음으로 미국물리학회 부회장으로 선출되어 2022년 부회장 임기를 시작했으며, 2024년에는 자동으로 미국물리학회 회장이 된다. 2022년 7월부터 재미한인과학기술자협회 회장 임기도 시작한다. 기본입자들의 질량 기원 연구의 권위자로 국제학술지에 수백 편의 논문을 발표했다. 2000년 미국 과학 잡지 《디스커버리》에 '주목할 만한 젊은 과학자 20'으로 소개되었으며, 미국과학한림원(National Academy of Sciences) 회원, 미국예술과학한림원(American Academy of Arts and Sciences) 회원, 한국과학기술한림원 외국인 회원으로 선정되었다. 2005년 호암상, 2010년 '로체스터 저명학자상(Rochester Distinguished Scholar Award)'을 받았다.

나는 실험 과학자로서 입자물리학을 연구한다. 입자물리학은 '세상은 무엇으로 만들어졌나', '어떻게 세상이 만들어졌나', '우리는 어디에서 왔으며 왜 여기에 있나' 하는 질문에 과학적으로 답하고자 하는 학문이다. 이 세 가지 질문을 입자물리학자들이 쓰는 말로 번역하면, '세상을 만드는 가장 작은 알갱이는 무엇일까?', '알갱이들이 어떻게 결합하여 세상 만물을 만들까?', '우주의 과거와 현재와 미래는 어떤 모습일까?'가 된다. 간단하게 말하면, 세상을 이루고 있는 가장 작고 기본이 되는 레고 블록을 찾는 것이라 할 수 있다.

어린 시절을 돌아보는 일은 어쩌면 지금의 나를 만든 가장 기본적인 레고 블록을 찾는 작업일지도 모르겠다. 그동안 페르미국립가속기연구소의 부소장과 시카고대학교 물리학과 학과장 등 여러 직함을 갖고 일하면서, 또 지난 2021년에 한국인으로서는 처음으로 미국물리학회APS의 부회장으로 선출되면서, 언론과 인터뷰를 하거나 특강을 할 기회가 많았다. 그때마다 빠지지 않고 꼭 나오는 질문이 있다. "아시아 여성으로서 어려움이 많았을 것 같은데 어떻게 미국 물리학계의 리더가 될 수 있었나요?", "세계적인 학자가 된 비결은 뭔가요?" 이런 질문을 받을 때마다 대답을 하기가 참 어려웠다. "긍정적으로 생각하고 그때그때 주어진 연구를 열심히 했습니다", "내 연구를 충실히 하면서 동료들의 협력과 팀의 연구 방향 설정에 도움을 주다 보니 과학자로서, 또 리더로서 인정받게 되었습니다"라고 답해 보지만 어쩐지 도덕 교과서처럼 뻔한 말 같아서, 어떨 때는 "나도 잘 모르겠습니다. 답을 하기가 참 어렵네요" 하고 솔직하게 말하기도 했다.

나는 어떻게 물리학자가 되었을까. 백인 남성이 다수인 미국 물리학자 사회에서 어떻게 존재감을 잃지 않고 리더의 자리까지 오르게 되었을까. 영화 〈트럼보〉에 나오는 대사처럼 그 이야기를 써 보면 알게 될까.

사과 농장 집
5번 타자

우주가 하나의 점에서 시작되었듯 나의 인생도 경상북도 경산 하양면의 조그만 마을에서 시작되었다. 강 건너 부기리에는 우리 집 사과 농장이 있었다. 가을이면 우리 집 과수원의 사과나무에도 뉴턴의 고향 울즈소프의 사과나무처럼 사과가 주렁주렁 달렸지만, 나는 뉴턴처럼 떨어지는 사과를 보며 우주의 법칙을 사색하는 천재가 아니었다. 어린 시절, 나는 내가 무엇을 원하는지 알지 못했다.

부모님은 아들 하나와 딸 다섯을 낳았다. 아들, 딸, 딸, 딸, 딸, 딸. 나는 넷째 딸로, 형제 전체로 보면 다섯째였다. 5번 타자는 자유를 뜻한다. 내가 무엇을 하든 아무도 간섭하거나 크게 신경 쓰지 않았다. 나는 틈만 나면 밖에 나가 친구들과 놀았다. 고무줄도 하고, 흙장난도 하고, 미꾸

라미 잡기도 했다. 자연이 다 놀잇감이었다. 어릴 때부터 키가 작았던 나는 친구들 사이에서 리더라기보다는 해결사에 가까웠는데, 아이들끼리 싸우기라도 하면 그 불편한 기운이 싫어서 서로 화해시키는 게 내 일이었다. 집에서는 형제들과 어울려 놀았다. 오빠는 기타를 잘 쳤고, 언니들과 나는 노래를 잘 불렀다. 영화 〈사운드 오브 뮤직〉을 보고 온 큰언니는 한동안 영화에 나왔던 '도레미송', '내가 가장 좋아하는 것my favorite things' 같은 노래를 불러 주었다. 내게도 가장 좋아하는 것이 있었다. 나는 장차 무엇이 되고 싶은지는 몰랐지만, 좋아하는 것은 확실히 알았다. 나는 춤추는 것을 좋아했고, 노래 부르기를 좋아했다. 국민학교 학예회 때는 독무용을 발표했고 합창과 독창대회에서 상을 받기도 했다. 5학년 때던가, 하루는 학교가 끝나 집으로 걸어오고 있는데 동네 교회에서 합창 소리가 들려왔다. 그 소리가 어찌나 좋던지 나는 홀리듯 교회 안으로 들어가, 거기 계시는 성가대 지도 선생님께 물었다. "노랫소리가 너무 좋아요. 저도 노래를 부를 수 있나요?" 선생님은 교회에 다니면 성가대에서 노래를 부를 수 있다고 하셨다. 나는 다시 물었다. "저는 기독교를 믿지 않는데, 성가대에서 노래만 부를 수는 없나요?" 선생님은 괜찮다고 하셨고, 나는 그때부터 일요일마다 교회에 나가 성가대에서 노래를 불렀다.

춤과 노래와 함께 내가 좋아하는 게 하나 더 있었는데, 바로 산수(수학)였다. 다른 과목은 잘하려면 따로 시간을 내서 외우고 공부해야 했지만, 산수는 외우지 않아도 잘 풀려서 좋았다. 좋아하니까 자꾸 풀었고 그래서 점점 더 잘 풀게 되었다. 중·고등학교 때도 수학 성적이 제일 좋았다. 고등학교 친구들은 그런 내게 '수학의 여왕'이라는 별명을 붙여 주었다.

엄마는 늘 바쁘셨다. 아빠의 건강이 좋지 못해서 과수원 일도 주로 엄마의 몫이었다. 집안일은 또 얼마나 많았을까. 그런데도 엄마는 우리에게 과수원 일이나 집안일을 거의 시키지 않으셨다. 허드렛일을 배우면 평생 그런 일을 하며 살게 된다는 게 엄마의 지론이었다. 엄마는 교육에 대한 신념이 있었고, 당신은 초등학교만 나왔음에도 불구하고 자식들은 모두 상급학교에 진학해 공부하길 원하셨다. 당시만 해도 아들과 딸을 차별하는 가정이 많았지만, 부모님은 아들과 딸에게 동등한 교육 기회를 주셨다. 지금 생각해도 감사한 일이다. 부모님의 바람대로 나는 마을에 있는 중학교를 졸업한 뒤 대구에 있는 고등학교로 진학했고, 서울로 대학을 갔다.

경상북도 과학경시대회 최우수상은 김영기 '군'

중학교 때, 과학과 나의 첫 만남이라고 할 만한 사건이 있었다. 과학 선생님께서 학교 대표로 과학경시대회에 나갈 학생으로 나를 뽑은 것이다. 나는 수학을 잘하긴 했지만 과학 과목을 썩 잘했던 것 같지는 않다. 종종 수업을 빼먹고 '땡땡이'를 치기도 했으니 모범생과도 거리가 멀었다. 그런데 선생님은 왜 나를 뽑으셨을까? 그때도 지금도 그 이유를 모르겠다. 아무튼 나는 함께 뽑힌 친구들과 방과후에 선생님께 따로 지도를 받으며 경시대회를 준비했다. 물리, 화학, 생물, 지구과학의 여러 가지 실험을 배우고 관련 내용도 공부했다. 공부 시간에 배우지 않았던 새로운 것을 배우니 퍽 재미있었다. 경시대회는 경상북도에 있는 여러 학교의 대표들이 출전해서 토너먼트 방식으로 겨루었다. 제시된 실험을 하고 실험 결과를 보고서 형식으로 적기도 했던 것 같은데, 어떤 문제들이었는지 어떻게 풀었는지 세부적인 사항들은 하나도 기억이 나지 않는다. 그저 개구리 해부 때문에 울었던 기억만 또렷하다. 개구리에게 도저히 칼을 댈 수가 없어서 나는 어쩔 줄을 모르고 눈물을 뚝뚝 떨구었다. 그 난감한 시간을 어떻게 넘겼는지는 모르겠다. 그래도 전체 성적은 괜찮았는지, 결과적으로 나는 경상북도 전체에서 최우수상을 탔다. 제법 큰 대회라 라디오에 그 소식이 방송되기도 했는데, 사회자는 올해 최우수상을 받은 학생은 '김영기 군'이라고 소개했다. 내 이름이 남자 이름 같은 데다가, 그때까지 과학경시대회에서 여자가 최우수상을 탄 적이 없어서 벌어진 실수였다.

　　과학경시대회를 통해 나는 이전까지는 느껴 보지 못했던 자부심을 맛보았다. 내 안에서 과학은 재미, 기쁨, 성취감, 자부심 같은 낱말들과 단단하게 연결되었다. 하지만 그렇다고 해서 갑자기 공부를 열심히 하거나 수학보다 과학이 더 좋아지거나 하지는 않았다. 나는 여전히 노래와 춤이 좋았고, 음악 시간과 무용 시간이 행복했다. 고등학교 때도 공부보다 동아리 활동이나 학교 행사에 더 열심이었다. 1학년 때는 열 명의 인디언 중 한 명으로 학교 퍼레이드에 참여했다. 점심시간에 합창반 연습을 할 때면 얼마나 신이 났던지! 하지만 춤이나 음악을 진로와 연결 지어 생각한 적은 한 번도 없었던 것 같다. 노래와 춤만큼 좋아했던 수학이야말로 나의 진로라고 막연히 생각했던 걸까. 2학년에 올라가며 문과와 이과로 나뉠 때 나는 별 고민 없이 당연하다는 듯 이과를 선택했다.

친구 따라
물리학과

고려대학교 자연과학대학에 진학할 때만 해도 수학을 전공할 생각이었다. 당시에는 계열별 모집이라 단과대학에 입학해서 1년을 공부한 뒤 2학년 올라갈 때 학과를 정했다. 자연과학대학 신입생은 200명쯤이었는데 40명 정도씩 반을 나누어 교양 과목 수업을 들었다. 하지만 1학년 때 나는 수업에 별 관심이 없었다. 대신 탈춤 동아리에 푹 빠져서 많은 시간을 탈춤 배우기와 동아리 회원들과의 대화로 보냈다. 또, 물리학과 학생들이 주축이었던 KUPHY 야구단 소속의 동기들, 선배들과 많이 어울렸다. 그래서 어떤 과목을 수강했는지도 잘 기억 나지 않는다. 하지만 친하게 지내던 물리학과 선배들과 물리학과 지망생이던 반 친구들 덕분에 물리학이 무엇인지 조금은 알 수 있었다. 나는 여전히 수학이 더 좋았지만 물리학도 괜찮아 보였다. '새로운 길을 가 보는 것도 나쁘지 않잖아. 일단

가서 공부해 보고 영 아니면 다시 수학과로 가지 뭐.' 나는 그렇게 가벼운 마음으로 친구들과 함께 물리학과로 진학했다. 2학년 때는 '역학', '전자기학' 같은 물리학의 기본 과목을 배웠지만, 이때도 학과 공부보다는 동아리 활동에 더 열정을 쏟았기에 1학년 때와 마찬가지로 학점은 시들시들(CDCD)했다.

물리학을 제대로 만난 건 3학년 때였다. 대학 생활의 반이 지난 3학년이 되면서 졸업 후 할 일을 생각해야 했다. 적어도 전공 과목에 집중해야 할 때가 된 것이었다. 2학년 때까지 물리학의 기초 과목 공부를 소홀히 한 탓에 공부할 게 많긴 했다. 그래도 친구들과 스터디그룹을 만들어 함께 공부하니 그럭저럭 따라갈 만했다. 하지만 뭐니 뭐니 해도 내가 물리학 연구를 하게 된 중요한 계기는 강주상 교수님이라고 생각한다. 강주상 교수님은 미국 뉴욕주립대학교 스토니브룩에서 이휘소 박사님의 지도로 박사학위를 받으셨고, 1981년에 고려대학교로 오셨다. 나는 강주상 교수님께 '양자역학'을 배웠는데, 강의가 명쾌 그 자체였다. 너무 재미있었다. 양자역학의 모든 내용이 내겐 새롭기만 했다.

공부를 할수록 물리학이 재미있었다. 매일 마주하는 일상을 넘어, 우리가 살아가는 지구를 넘어, 아직은 미지의 세계인 우주와 우주의 자연법칙을 연구한다는 사실이 매력적으로 다가왔다. 해결되지 않은 무수히 많은 숙제가 남아 있는 분야이기에 더욱더 호기심이 생겼고, 심장이 두근거렸다. 4학년이 되었을 때 물리학을 계속 공부해야겠다고 결심했다. 그러려면 유학을 가는 것이 좋을 것 같았다. 지금은 우리나라도 연구 환경이 많이 좋아졌지만, 당시만 해도 공부를 계속하려는 학생들은 좋은 시설과 여러 학자들이 있는 미국이나 유럽으로 유학 가는 걸 당연시했다. 하지만 뒤늦게 마음을 정한 터라 유학 준비가 전혀 되어 있지 않았다. 나는 강주상 교수님 지도 아래 입자물리 이론 전공으로 석사학위를 하면서 유학 준비를 하기로 했다.

스티븐 올슨 교수님과 AMY 실험

석사과정에 있을 때, 하루는 미국 로체스터대학의 스티븐 올슨Stephen Olson 교수님이 고려대에 세미나(특강)를 하러 오셨다. 세미나실에 물리학과 교수님들과 학생들이 특강을 들으러 앉아 있었고, 올슨 교수님은 연단에서 막 강의를 시작하려는 참이었다. 그런데 장비에 문제가 생겼는지 시작을 못 하고 계시길래 내가 나가 도와 드렸다. 석사과정 학생으로서 종종 하던 일이었지만, 교수님은 그날 나를 인상 깊게 보신 모양이다. 그래서였는지 내가 석사를 마치고 미국 로체스터대학교에서 박사과정을 밟기로 결정되었을 때, 교수님은 내게 일본 쓰쿠바에 있는 가속기 연구소에 몇 달 오지 않겠느냐고 물었다. 한국에서 학위 수여식은 2월이고, 미국의 학기 시작은 8월이니 몇 개월 남짓한 시간이 있었다.

올슨 교수님은 입자물리 실험을 하시는 분이었는데, 일본 고에너지가속기연구소KEK의 트리스탄TRISTAN, Transposable Ring Intersecting STorage Accelerators in Nippon 가속기로 실험을 하기 위해 AMY(에이미) 검출기를 제작 중이셨다. 보통 가속기가 세워지면 연구그룹이 각자 연구할 주제에 맞는 검출기를 제작해서 실험을 수행한다. 트리스탄 가속기에는 세 개의 실험그룹이 있었는데, 둘은 일본 대학이 주축이 된 일본 연구팀이었고(이 두 실험그룹의 이름은 각각 '비너스'와 '토파즈'였다), 올슨 교수님이 대표로 있는 AMY 그룹만 미국·일본·중국·한국, 4개국 60여 명의 연구원이 참여하는 국제적인 실험 연구팀이었다. 나는 흔쾌히 일본으로 갔고, 짧은 시간이었지만 교수님을 도와 검출기 제작하는 일을 했다. 재미있었다. 다양한 분야의 전문가들이 의견을 내고, 직접 기구를 만지고, 하나씩 만들어져 가는 모습을 눈으로 확인하는 과정은 흥미진진했다. 하지만 미국에서는 입자물리 이론으로 박사를 하리라 생각하고 일했다. 오랫동안 수학을 좋아했기 때문에 실험보다는 수학과 더 관련이 많은 이론에 끌렸다.

그런데 미국에서 공부하는 중에도 올슨 교수님은 계속해서 일본에서의 진척 상황을 내게 알려 주셨다. 그리고 여름방학이 되자 또 일본에 오라고 청하셨다. 나는 일본으로 갔고, 그것은 나의 전환점이 되었다. 완성된 AMY 검출기에서 전자-양전자 충돌로 인한 신호가 잡혔을 때 그 흥분과 기쁨은 말로 다 할 수 없었다. 그해 여름을 보내면서 '이게 내 일인가 보다' 싶었고, 결국 입자물리 이론 전공에서 실험 전공으로 방향을 틀었다. 스티븐 올슨 교수님이 박사학위 논문 지도 교수가 되어 주셨다. 나는 AMY 실험에서 얻은 데이터를 분석하여 이 세상을 만드는 가장 작은 알갱이(기본입자) 중 하나인 쿼크의 성질과 쿼크 사이의 강한상호작용(강력)을 매개하는 기본입자인 글루온gluon의 성질을 연구했고, 이 주제로 학위 논문을 써서 박사학위를 받았다.

인도 춤을 배우며
영어 공부를

유학을 가기 전, 먼저 유학을 간 선배들로부터 '유학 가서 공부를 따라가려면 하루에 5시간 이상 자면 안 된다'는 둥, '체력이 좋아야 버틴다'는 둥, 무서운 말을 많이 들었다. 하지만 각오를 단단히 해서 그랬는지 공부는 생각보다 힘들지 않았다. 박사과정의 코스워크 수업은 한국에서 석사과정 때 공부했던 과목들과 거의 비슷했기 때문에 어렵지 않았고, 따라갈 만했다. 오히려 가장 힘들었던 건 언어였다. 내가 하고 싶은 말은 어찌어찌 준비해서 했지만, 교수님이나 친구들이 일상생활에서 하는 영어가 잘 들리지 않았다. 반복해서 듣고 최대한 많이 이야기하며 연습하는 수밖에 달리 방법이 없었다. 답답했지만, 그만큼 빨리 익숙해져야겠다고 생각해서 가능하면 외국인 학생들과 많이 이야기하려 노력했다. 같은 학과 친구들뿐만 아니라 영문학 전공자를 비롯해서 문과 쪽 대학원생들과도 이야기를 많이 했는데, 그 덕분에 외려 친구가 많이 생겼다.

한번은 친하게 지내던 문과생 친구의 친구인 인도 학생이, 자신이 인도 전통 춤을 잘 춘다며 가르쳐 주겠다고 했다. 마다할 이유가 없었다. 우리는 빈 강의실을 찾아 책상을 한쪽으로 몰아 놓고 함께 인도 춤을 추었다. 전통 춤을 배우면서 이야기를 듣고 문화를 배우는 게 무척 재미있었다. 춤도 배우고, 인도 문화도 공부하고, 영어 듣기도 연습하고, 친구도 사귀는 1석 4조의 시간이었다. 낯선 나라의 문화를 가장 빨리 이해하는 방법으로 전통 춤을 배우는 것만큼 좋은 게 없다는 걸 그때 알았다. 나는 그 뒤로 회의나 학회가 있어 다른 나라를 방문하면 시간을 내어 그 나라 전통 춤을 배우곤 했다. 일본과 스코틀랜드의 전통 춤, 살사 댄스, 탭 댄스도 배웠다. 춤을 배우며 조금씩이나마 맛본 각 나라의 문화는 이후 다양한 나라에서 온 연구원들과 소통하는 데도 도움이 되었다.

유학 생활 이야기가 나오면 사람들은 인종이나 성별로 인한 불평등을 겪지 않았느냐고 묻는다. 물론 차별이 없지는 않았을 것이다. 하지만 내가 워낙 무딘 편이라 그런 건지, 차별을 크게 느끼진 못했다. 다만 한 가지 기억나는 에피소드가 있다. 박사학위를 받고 버클리국립연구소에서 박사후연구원으로 일하다가 1996년에 UC버클리 조교수가 되었을 때의 일이다. 조교수로서 첫 수업을 하러 갔더니 강의실에 의과대학 지망 학생 300여 명이 빼곡히 앉아 있었다. 내가 강의실 앞에 서서 수업을 시작하자 학생들은 의아한 표정으로 "교수님은 어디 계시느냐"고 물었다. 자그마한 동양인 여성이 교수일 거라고는 생각하지 못했던 것 같다. 키가 작다 보니 팔이 위쪽까지 안 닿아서 칠판도 아래쪽 반밖에 사용하지 못했다.

하지만 그런 일로 마음이 상하진 않았다. 마음 상하는 일이 있어도 오래 담아 두지 않고 빨리 잊는 편이라 잘 지냈는지도 모르겠다. 내 곁에서 나를 도와주려고 애쓰고 내 편이 되어 주는 동료들이 있었기에 힘든 고비들을 잘 넘길 수 있었다.

소중한 만남, 나의 멘토들

물리학을 공부하고 물리학자의 길을 걸으면서 좋은 사람을 많이 만났다. 그들은 나의 스승이었고 멘토였으며 친구이기도 했다.

처음으로 물리학의 매력에 눈을 뜨게 해 주신 강주상 교수님은, 유학을 온 뒤에도 내가 잘 지내고 있는지, 어떤 공부를 어떻게 하고 있는지 항상 궁금해하시며 관심과 응원을 보내셨다. 선생님은 천상 학자로 아기처럼 순수한 분이셨는데, 연구하실 때와 마찬가지로 일상생활에서도 모든 것이 명확하고 깔끔했으며 성품도 담백하셨다. 나는 그런 선생님을 통해 구체적인 과학자의 삶을 들여다볼 수 있었고, 그렇게 호기심을 지닌 담백한 과학자로 살고 싶었다. 한편, 선생님은 당신의 스승이신 이휘소 박사가 국내에서 핵 과학자로 잘못 알려진 것을 늘 안타까워하셨다. 이휘소 박사는 입자물리학의 '표준이론'에 중요한 공헌을 한 입자물리 이론학자로, 1970년대에 페르미국립가속기연구소에서 이론물리학부장을 지내기도 했다. 나는 박사학위를 받은 1990년에 로런스버클리국립연구소 소속으로 페르미국립가속기연구소(이하 페르미랩)에서 실험을 시작해서 2004년에는 CDF(Collider Detector at Fermilab, 양성자-반양성자 충돌 실험그룹)의 공동대표로, 2006년부터 2013년까지는 연구소 부소장으로 일하며 23년을 페르미랩과 함께했으니, 이런 게 인연인가 싶다.

스티븐 올슨 교수님은 나를 입자가속기의 세계로 이끈 분이다. 처음 일본의 가속기 연구소에 갔을 때 교수님은 내게 검출기 제작에 관해 기초부터 하나하나 친절하게 알려 주셨다. 올슨 교수님은 AMY 팀을 국제적인 실험그룹으로 탄생시킨 주역일 뿐만 아니라, 팀을 이끄는 총책임자였다. 그럼에도 불구하고 교수님은 전혀 권위적이지 않았고, 모든 사람을 격의 없이 대하셨다. AMY에서 일할 때 나는 아직 박사학위도 받지 못한 팀의 막내였지만 교수님은 내 질문에 성의껏 답해 주셨고, 내 의견에 귀 기울여 주셨다. 그런 교수님을 존경했고, 많이 배웠다. 이후에도 나는, 다른 사람을 존중하고 다른 이들의 의견을 늘 경청했던 교수님을 닮으려고 노력했다.

로런스버클리국립연구소(이하 버클리연구소)에서 박사후연구원으로 일할 때 또 한 명의 멘토를 만났다. 피에르 오도네 Pier Oddone 박사님은 당시 버클리연구소의 부소장이었다. 총인원이 약 오륙 천 명에 이르는 버클리연구소에서 입자물리 분과는 작은 분과 중 하나였고, 막 박사학위를 받고 연구원으로 일을 시작한 나는 말단 중에서도 말단이었다. 그런데 내가 겁도 없이 부소장을 찾아가 "이러저러한 건 잘못되었다, 연구소 운영을 어떻게 이렇게 하느냐"며 따졌단다. 내가 페르미랩의 부소장으로 선출되었을 때, 페르미랩 소장이었던 오도네 박사님은 사람들에게 이때의 일화를 들려주었다. 그는 당시 나의 방문에 내심 놀랐고 '이 친구는 아주 크게 될 인물'이라고 생각했다며 나의 부소장 취임을 축하해 주었다. 사실 나는 그때의 상황이 잘 기억나지 않는다. 아마도 연구소에 온 지 얼마 되지 않았기 때문에 오히려 연구소의 관행을 새로운 시각으로 볼 수 있었고, 실무자로서 불편하고 불합리하다고 생각되는 부분이 있어 책임자인 부소장에게 건의를 하러 갔을 것이다. 어쨌든 이 일을 계기로 우리는 많은 이야기를 나누었다. 오도네 박사님은 능력도 뛰어나고 리더로서도 훌륭한 분이셨다. 박사님은 때때로 자신의 얘기를 나에게 들려주었고, 나도 고민이 있을 때면 박사님께 조언을 구했다. 그러면서 우리는 나이 차이를 잊고 언제부터인가 절친한 친구가 되었다.

멜리사 프랭클린Melissa Franklin 교수님도 처음에는 나의 멘토였으나 이제는 서로의 멘토이자 든든한 친구다. 버클리연구소에서 박사후연구원으로 있을 때 우리 팀은 페르미랩의 양성자-반양성 충돌실험그룹인 CDF에서 실험을 했다. 페르미랩에 있는 테바트론Tevatron은 당시만 해도 세계에서 가장 크고 가장 높은 에너지를 주는 가속기였기 때문에 많은 연구팀이 실험을 위해 이곳에 와 있었다. 프랭클린 교수님은 당시 하버드대학교 조교수였는데, 하버드 팀과 우리 버클리 팀이 같이 협력해서 검출기의 한 부분을 업그레이드해야 했다. 우리는 함께 고민하고 논의하면서 친해졌

페르미랩 부소장으로 있을 때 소장이던 피에르 오도네 박사님과 함께. 2012년.

오도네 박사님은 능력도 뛰어나고 리더로서도
훌륭한 분이셨다. 박사님은 때때로 자신의 얘기를 나에게
들려주었고, 나도 고민이 있을 때면 박사님께 조언을
구했다. 그러면서 우리는 나이 차이를 잊고 언제부터인가
절친한 친구가 되었다.

다. 프랭클린 교수님이 나보다 몇 살 위이긴 했지만, 나중에는 사적인 이야기도 나누면서 친구처럼 지냈다. 프랭클린 교수님은 당시 어린 아들이 있었는데, 아들까지 데리고 셋이서 시카고에 놀러 가기도 했다. 시카고대학교 물리학과에 프랭클린 교수님의 친구가 있었다. 우리는 링컨공원 동물원의 코끼리 앞에서 만나 넷이 함께 동물원을 구경했다. 그 뒤에 또 한 번 시카고에 갔는데 이번에는 넷이서 수족관을 갔다. 그때 만난 프랭클린 교수님의 친구가 바로 지금 나의 남편이다.

이 밖에 다양한 분야의 많은 분들이 나의 멘토였고, 때론 내가 그 분들의 멘토가 되기도 했다. 나는 이러한 사람들과의 관계 속에서 늘 힘을 받고 많은 배움을 얻었다. 그래서 학생들에게 강연할 기회가 있을 때면 늘 멘토-멘티의 중요성을 강조하곤 한다.

페르미국립가속기연구소: 질량의 근원을 찾아서

원자가 웅장한 대성당이라면 원자핵은 대성당 안을 날아다니는 파리만큼 작다. 입자가속기는 그런 원자핵보다도 더 작은 입자들을 볼 수 있는 슈퍼 현미경이라 할 수 있다. 본다는 건, 햇빛이 사물에 닿아 반사한 빛을 우리 눈이 검출하는 것이다. 입자가속기는 양성자 혹은 전자 같은 소립자들로 입자빔^{beam}(무수히 많은 입자들이 같은 방향으로 나란히 나아가도록 만든 입자 다발의 흐름)을 만들고, 그 빔들을 거의 빛의 속도까지 가속시킨 다음 서로 충돌시켜서 충돌 뒤에 나오는 신호를 검출기로 검출한다. 소립자 빔이 햇빛 대신이고, 검출기가 우리 눈 대신이다. 그렇게 검출기가 받은 신호를 분석하면 기본입자들을 '볼' 수 있다. 또한, 아인슈타인의 유명한 공식 $E=mc^2$이 말해 주듯 에너지는 곧 질량이기에, 에너지를 크게 실어 충돌시키면 지금은 없지만 우주 초기에 존재했던 무거운 기본입자들을 만들 수도 있다. 물론 이 입자들은 바로 붕괴해 버리지만 붕괴하면서 나온 신호들을 모두 검출하여 분석하면 충돌 당시에 어떤 입자가 만들어졌는지 알 수 있다. 그래서 입자물리학자들은 최첨단 기술의 더 큰 입자가속기를 만들고 싶어 한다. 그럴수록 입자빔에 더 큰 에너지를 실어 충돌시킬 수 있고, 우주의 시작에 더 가까운 순간을 들여다볼 수 있기 때문이다.

1980년 제작된 페르미국립가속기연구소의 테바트론 가속기는, 2008년 유럽입자물리연구소CERN의 LHC(Large Hardron Collider, 현재 세계에서 가장 큰 가속기)가 완공되기 전까지 세계에서 가장 높은 에너지의 가속기였다. 테바트론의 양성자-반양성자 충돌 실험을 통해 1995년에 가장 무거운 소립자인 톱 쿼크가 발견되었다. 나는 테바트론의 CDF 그룹에서 연구하면서 점점 더 질량의 근원에 관심이 커졌다. 현재까지 정리된 입자물리 이론인 '표준이론'에 따르면, 우주의 모든 것을 만드는 가장 기본이 되는 입자는 전자, 뮤온 같은 렙톤(가벼운 입자)과 여섯 종류의 쿼크(업up, 다운down, 톱top, 보텀bottom, 참charm, 스트레인지strange)이다. 그런데 이 기본입자들은 제각기 고유의 질량이 있다. 기본입자들의 질량은 어떻게 생겨났을까? 입자들의 질량은 왜 각기 다를까? 표준이론에서는 '힉스 Higgs'라는 질량을 부여하는 입자가 있어서, 힉스입자가 기본입자와 상호작용을 잘하느냐 못 하느냐에 따라 기본입자의 질량이 정해진다고 가정한다. 이 이론이 맞는지 증명하려면 먼저 힉스입자를 발견해서 그 존재를 확인하고, 그 뒤 힉스입자가 여러 기본입자와 얼마만큼 상호작용하는지 측정해서 그 측정치를 각 기본입자의 질량과 비교해야 한다. 하지만 그때까지만 해도 힉스입자가 발견되지 않고 있었다.

힉스입자의 질량을 대략적으로라도 예측할 수 있다면 힉스입자 발견에 도움이 되련만, 안타깝게도 표준이론으로는 힉스입자의 질량을 예측할 수가 없다. 대신 실험적으로 힉스입자의 질량을 예측하는 방법이 있다. 힉스입자와 상호작용을 잘하는 입자들, 즉 질량이 매우 큰 입자들의 질량을 보다 정밀하게 측정함으로써 힉스입자의 질량을 예측하는 것이다. 질량이 가장 큰 기본입자는 톱 쿼크로, 톱 쿼크의 질량은 전자 질량의 백만 배나 된다. 약력을 매개하는 입자인 W입자도 기본입자 중 세 번째로 질량이 크다. 나는 톱 쿼크와 W입자의 질량을 정밀하게 측정하여 힉스입자의 질량을 예측하는 것을 목표로 세웠다. 이후 박사과정 학생들과 함께 톱 쿼크와 W입자의 질량을 정밀하게 측정할 수 있는 방법을 연구했다. 이를 위해서는 검출기를 새로 디자인해야 했고, 검출기 제작과 데이터 분석에도 새로운 아이디어가 필요했다.

구상한 대로 검출기가 완성되고, 첫 신호가 잡히기 시작할 때면 늘 기대감으로 가슴이 두근거린다. 입자와 만나고 온 빔이 검출기에 신호를 남기며 이야기를 들려주기 시작하는 순간이기 때문이다. 우리는 오랜 시간 동안 여러 차례 실험했고, 분석 기술을 달리해 가며 실험 결과를 차례차례 논문으로 발표했다. 그런 일련의 과정을 통해 W입자의 질량과 톱 쿼크의 질량을 매우 정확하고 정밀하게 측정할 수 있었다. 우리는 W입자와 톱 쿼크에 대한 측정치를 바탕으로 힉스입자의 질량이 145 기가전자볼트^{GeV} 미만일 것으로 예측했다. 마침내 2012년 7월, 유럽입자물리연구소 LHC에서의 실험을 통해 40년 넘게 가설로만 존재했던 힉스입자가 발견되었다. 그 질량은 125 기가전자볼트였다!!

리더의
자리에서

W입자 실험이 한창 성과를 낼 무렵인 2000년 1월, 과학 잡지 《디스커버리》는 21세기를 맞아 '주목할 만한 젊은 과학자 20인'을 선정해 인터뷰 기사를 실었다. 다양한 분야의 연구자 1000명으로부터 지명을 받아 선정한 그 20명에는, '충돌의 여왕'이라는 수식어가 붙은 내 이름도 들어 있었다. 당시 나는 UC버클리의 부교수일 뿐, 페르미랩에서는 아무런 공식 직함이 없을 때였다. 하지만 그때도 동료 연구자들은 내게 조언을 구했고, 내 의견에 귀를 기울였다. 검출기 디자인에서 제작, 장비 세팅과 데이터 분석까지, 가속기 연구의 전 과정을 모두 직접 경험했던 터라 전체적인

페르미랩 부소장으로 일할 당시의 저자와 연구원들, 연구소의 모습. 2006~2013년.

소속된 인원만 2000명에 달하는 페르미랩의
부소장으로 일하는 것은 새로운 경험이었다.
어린이집과 소방서까지 갖춘 연구소는 그 자체가 하나의
작은 마을 같다. 심지어 버펄로도 기른다.

맥락을 잘 읽을 수 있었고, 덕분에 동료들에게 연구 방향이나 방법에 관해 실질적인 도움을 줄 수 있었다. 그러다 보니 언제부턴가 자연스럽게 리더와 같은 역할을 하고 있었던 것이다. 2004년에는 CDF의 공동대표로 선출되어 2년간 CDF 팀을 이끌었다. 임기가 끝나기 약 5개월 전 즈음에 페르미랩의 부소장으로 임명되었고, 2006년 7월부터는 페르미랩의 부소장 소임이 맡겨졌다.

소속된 인원만 2000명에 달하는 페르미랩의 부소장으로 일하는 것은 새로운 경험이었다. 입자물리학이나 가속기물리학을 연구하는 400여 명의 과학자뿐 아니라, 공학자 300여 명, 기술자 400여 명, 컴퓨터 공학자 약 300명, 그 밖에 회계사와 변호사 등 행정 업무 담당자들이 그곳에서 일한다. 거기다 연구를 위해 전 세계에서 방문한 2300여 명의 교수와 학생까지 합하면 연구소 인원은 4000명이 훌쩍 넘는다. 어린이집과 소방서까지 갖춘 연구소는 그 자체가 하나의 작은 마을 같다. 심지어 버펄로도 기른다. 프런티어의 의미를 지닌 버펄로는 '과학의 프런티어'를 지향하는 페르미랩의 상징이기도 하다. 그러니 600~700명의 연구자 중심 조직인 CDF 그룹과는 그 규모도 다르고, 내가 해야 하는 역할도 다를 수밖에 없었다. CDF 대표로 일할 때는 연구자들과 소통하며 실험 관련 업무에만 신경을 쓰면 되었지만, 부소장은 연구소 내 모든 업무에 관심을 갖고 다양한 분야의 사람들과 더 많이 소통해야 한다. 연구자가 아니라 관리자의 시각으로 연구소 전체를 조망하다 보니 이전에는 보이지 않던 것들이 보였고, 공학과 기술 등 다른 분야에 대한 이해도 더 깊어졌다. 연구소를 운영하면서 과학 실험을 위해 얼마나 많은 사람들의 노력과 지원이 필요한지도 새삼 느꼈다.

시카고대학교 물리학과
최초의 여성 학과장

2003년부터 시카고대학교에서 학생들을 가르쳤고, 2016년에 물리학과 학과장으로 선출되었다. 시카고대학교 물리학과의 첫 여성 학과장이 된 것이다. 나는 물리학과장으로서 무슨 일을 해야 할까, 학과를 어떻게 이끌어야 할까를 고민하면서 크게 두 가지를 염두에 두었다.

하나는 '함께 행복하게 연구하는 물리학과' 만들기였다. 연구는 외롭고 고통스러운 과정이라는 통념을 넘어서고 싶었다. 물론 연구에는 고통이 따른다. 치열한 고민의 시간과 끝이 보이지 않는 노력의 과정을 지나다 보면 어느 순간 외로워진다. 하지만 각자의 연구에만 몰두할 것이 아니라, 서로 소통하고 협력하며 함께 성과를 만들어 간다면 그 과정은 즐겁고 행복할 수도 있다. 다른 연구자들과의 소통과 협업은 연구 성과에도 긍정적인 영향을 끼친다. 나는 AMY에서, CDF에서, 여러 나라에서 온 많은 연구자들과 협업을 하면서 그 사실을 몸소 경험했다. 우리가 모르는 우주의 비밀을 밝혀내려면 각자 자신이 아는 것의 한계를 인정하고 다른 사람의 지식과 경험을 배워야 한다. 서로의 다른 생각과 경험이 만날 때,

그 안에서 전혀 예상치 못했던 빛나는 무언가를 발견하곤 한다. 그런 경험은 우리를 행복하게 하고 우리 정신을 고양시킨다. 당연히 연구 결과도 좋아진다.

　　나는 이러한 믿음으로, 먼저 학과 건물을 '가고 싶은 곳'으로 바꾸려고 노력했다. 가기 싫은 곳, 어쩔 수 없이 가는 곳이 아니라 기꺼이 찾아가서 즐거운 마음으로 대화하고 싶은 곳으로 만들고 싶었다. 그래서 예술적 감성을 더하여 아름답고 편안한 공간이 되도록 신경을 썼다. 구성원들이 자연스럽게 어울리며 서로 친해지고 교류할 수 있는 만남의 장도 필요했다. 나는 한국의 전통 돌잔치와 '망년회'를 활용했는데, 물리학과 교수나 대학원생이 아기를 낳으면 첫 생일에 학과에서 돌잔치를 열어 주었다. 그날은 시카고대 물리학과 모두가 즐기는 축제의 날이기도 했다. 돌잔치의 하이라이트인 돌잡이 시간이 되면 모두의 시선이 아기를 향하고, 아기가 물건을 선택해 잡으면 다 함께 환호하며 한마음으로 축하했다. 연말에는 망년회에서 이름을 따온 'forget the year party'를 열었다. 2년차 대학원생들이 중심이 되어 파티를 준비했는데, 교수들의 특징을 흉내 내기도 하고, 교수들에게 하고 싶은 말을 유쾌한 콩트로 준비해서 공연하기도 했다. 양반을 풍자하던 탈춤과 마당극 같은 거랄까? 공부만 하던 학생들이 한 해를 보내면서 함께 무언가를 준비하고 서로를 결속시키면 좋겠다는 마음에서 시작했는데, 매우 성공적이었다. 1년을 함께 지내도 서먹서먹하던 학생들이 파티를 준비하는 기간 동안 부쩍 친해져서 다음 해에 함께 프로젝트를 진행하기도 했다. 'forget the year party'는 이제 시카고대학교 물리학과의 전통으로 자리잡았다.

첫 여성 학장으로서 염두에 둔 두 번째는 '차별 없는 조직, 다양성과 포용성이 살아 있는 학과'를 만드는 것이었다. 아무리 여럿이 모여 토론을 한다 해도 모인 사람들이 모두 비슷비슷한 생각만 한다면 새로운 아이디어는 나올 수 없다. 다양성이 살아 있어야 훨씬 더 생동감 있고 창의적인 조직이 된다. 그러기 위해서는 다양한 배경을 가진 구성원들이 있어야 하고, 성차별이나 인종차별 없이 누구나 자기 목소리를 낼 수 있어야 한다. 특히 여성들 그리고 상대적으로 기회가 부족했던 아프리카계, 히스패닉계나 아시아계 인재들이 마음껏 능력을 발휘할 수 있는 토대를 만들고 싶었다. 학장이 되자마자 나는 물리학과에서 가장 많은 사람들이 지나다니는 복도 벽에 여성 물리학자인 마리아 고퍼메이어 Maria Goeppert- Mayer 의 사진을 큼지막한 패널로 만들어 걸었다. 시카고대 교수였던 고퍼메이어는 핵의 구조와 관련한 연구로 1963년 노벨 물리학상을 수상했는데, "핵은 여러 층을 가진 양파와 매우 흡사하다"고 말해 '양파 마돈나'로 불리기도 했다. 이런 그녀의 업적도 패널로 만들어 함께 전시했다. 물리학과 안에 그녀의 이름을 딴 강당도 만들었다. 시카고대학에는 고퍼메이어 말고도 마이컬슨, 콤프턴, 크로닌 등 노벨 물리학상 수상자가 많았지만, '과학 천재'라고 하면 자동으로 백인 남성을 떠올리는 고정관념을 바꾸고 싶었다. 어릴 때 그림책에서 본 작은 삽화가 우리 생각에 영향을 끼치듯,

늘 지나다니는 복도에서 마주치는 여성 물리학자의 모습이 사람들의 인식에 영향을 끼치길 바랐다.

사실 2021년 미국물리학회 부회장 선거에서 최종 후보로 선출되었다는 연락을 받았을 때 처음엔 선뜻 승낙하지 못했다. 자리가 갖는 묵직한 책임감을 잘 알고 있었기 때문이다. 하지만 고민 끝에 도전하기로 했던 건 또 다른 책임감 때문이었다. 미국물리학회 120년 역사에서 아시아 출신 회장은 1975년 중국 출신의 우젠슝이 유일하다. 여전히 백인 남성이 주류인 미국물리학회에서 최초로 한국인 여성 회장이 나온다면, 이는 개인의 성취를 넘어 미국물리학회의 다양성에 기여하는 일이 될 것이다. 이를 계기로 한국 과학자들과 여성 과학자들의 활동 영역이 확장된다면 그 또한 가치 있는 일이라고 생각했다. 지난 2021년 9월, 5만 5000명에 이르는 회원들은 투표를 통해 나를 부회장으로 선택했다. 따라서 2022년 부회장, 2023년 차기 회장을 거쳐 2024년에 자동으로 회장의 소임을 맡게 된다. 갈수록 대규모 연구가 많아지고, 성별과 인종, 종교와 문화가 다양한 과학자 간 협업이 중요해지는 이때에 아시아인 여성이라는 소수자 정체성을 가진 회장의 책무는 무엇일까, 계속해서 고민하고 있다.

많이 알면 알수록 우리가 모르는 것이 더 많다는 것을 알게 된다

한 점에서 시작해 팽창하며 커진 우주처럼, 내 삶의 반경도 하양면 마을

한국과총 주최 '재미 석학 김영기
석좌교수 초청 강연회'에서 강연 중인
저자. 2022년.

과 부기리의 작은 사과 농장에서 대한민국으로, 일본을 포함한 아시아로, 미국과 전 세계로 점차 확장되었다. 그 과정에서 가속기의 크기와 실험팀의 규모도 점점 커졌다. 일본 고에너지가속기연구소의 트리스탄 가속기는 둘레가 3 킬로미터였고, AMY 팀에는 4개국에서 온 60여 명의 물리학자가 있었다. 페르미랩의 테바트론 가속기는 둘레가 6 킬로미터, CDF 팀은 300명에서 시작해서 700명까지 커졌고 연구자들의 국적도 20여 개로 다양했다. 유럽입자물리연구소의 LHC는 둘레가 27 킬로미터에 이른다. 현재 내가 속해 있는 LHC의 아틀라스ATLAS, A Toroidal LHC Apparatus 실험에는 약 40개 나라에서 온 3000여 명의 연구자들이 참여하고 있다.

이렇게 가속기의 크기가 커지면서 우리는 점점 더 우주의 시작에 가까이 다가갈 수 있었고, 우주의 시작과 세상을 이루는 기본입자에 대해 더 많이 알게 되었다. 표준이론의 마지막 조각으로 여겨지며 '신의 입자'라는 별명까지 얻었던 힉스입자도 발견했다. 하지만 그에 비례해서 모르는 것도 늘었다. 표준이론에 등장하는 기본입자들은 우주를 구성하는 물질의 5퍼센트가 채 되지 않는다는 사실이 밝혀졌고, 나머지는 아직 실체를 모르는 암흑물질과 암흑에너지다. 이 암흑물질과 암흑에너지는 대체 무엇이고 그것들은 왜 검출되지 않을까? 우주 초기에는 물질과 반물질이 대략 반반이었는데, 현재 우주에는 반물질이 거의 없다. 반물질은 어디로 간 걸까? 표준이론을 구성하는 기본입자들의 질량을 비교해 보면, 가장 무거운 톱 쿼크의 질량은 전자 질량의 백만 배이고, 전자 질량은 중성미자 질량의 백만 배인데, 왜 그럴까? 현재의 표준이론은 아직 이러한 질문에 답을 주지 못하고 있다. 아리스토텔레스의 말처럼, '많이 알면 알수록, 우리가 모르는 것이 더 많다는 것을 알게 된다.'

　나는 현재 LHC 가속기를 이용하는 아틀라스 실험그룹에서 힉스의 성질을 연구하고 있다. 만약 힉스입자가 암흑물질과 상호작용을 하고 있고, 그래서 힉스입자가 암흑물질에 질량을 부여한다는 사실이 실험적으로 증명된다면, 표준이론을 뛰어넘어 암흑물질까지 설명할 수 있는 새로운 입자물리 이론을 찾는 데 도움이 될 것이다. 나는 또 힉스입자를 통해, 반물질이 어디로 간 것인지를 설명해 줄 수 있는 이론 연구도 하고 있다. 힉스입자들끼리는 어떤 상호작용을 하는지도 연구 중이다. 이런 연구는 오랜 시간이 걸리고 인내심이 필요하다. 하지만 그 기다림이 지루하지만은 않을 것이다.

　어쩌면 모든 연구는 자연과의 대화라는 점에서 정원 가꾸기랑 비슷할지도 모르겠다. 어른이 되어서 춤과 노래만큼 좋아하는 것이 하나 더 생겼는데, 바로 정원 가꾸기다. 흙을 만지면 기분이 좋고 마음이 편안해진다. 남편과 나는 3월 초에 시작해서 11월까지, 달마다 꽃이 피어나도록 정원에 여러 화초를 심고 가꾼다. 언제 꽃이 피나 살피고, 올해 꽃이 피는 모습을 보고 다음 해에 죽은 화초를 뽑고 새로운 꽃씨를 뿌리기도 한다. 싹이 나고, 자라고, 꽃을 피우기까지의 시간, 그 기다림을 좋아한다. 연구도 마찬가지 같다. 커다란 결과가 나오기까지는 오랜 시간이 걸리겠지만,

그때그때 나오는 데이터들은 연구가 자라고 무르익어 가는 모습을 보여 줄 것이다. 연구자는 작은 결과에도 행복함을 느끼는 연습이 필요하다. 그래야 지치지 않고 오래 할 수 있다.

내가 버클리대학교 교수로 있을 때 우리 아버지는 붓글씨로 '敬天愛人경천애인' 네 글자를 써서 보내 주셨다. 나는 이 말이 나에게 딱 맞는 경구 같아서 항상 옆에 두고 있다. 과학자인 내게 '하늘'은 '자연법칙'의 메타포다. 가속기도, 입자물리 실험도, 과학자 단체도, 늘 많은 사람들과 함께 꾸려 가는 일이니 사람을 사랑하고 포용하고 이해하는 일은 내게 더없이 필요하고 중요한 덕목이다.

앞으로도 경천애인하고, 그때그때 작은 행복을 느끼며, 오래오래 물리학자로 살고 싶다.

"물리학은 당신이 상상할 수 있는
가장 멋진 학문입니다."
_헤오르허 윌렌벡 & 김현철

최
무
영

★── 서울대학교 물리천문학부 교수이며 과학사 및 과학철학 협동과정 겸무 교수로 재직하였다. 서울대학교에서 물리학으로 학사와 석사학위를 미국 스탠퍼드대학교에서 박사학위를 받았다. 그동안 포항공과대학교, 고등과학원, 미국 워싱턴대학교와 오하이오주립대학교, 로스앨러모스국립연구소, 프랑스 앙리푸앵카레대학교와 국립과학연구원(CNRS)을 비롯한 여러 대학과 연구소에서 객원·초빙교수나 객원연구원으로 일하였다. 이론물리학(통계물리) 전공으로 복잡계, 생명과 사회현상, 과학의 기초와 문화 따위에 관심이 있다. 물질과 생명, 사회와 인간의 다양한 주제에 관해 『복잡한 낮은 차원계의 물리』와 『최무영 교수의 물리학 강의』를 비롯, 공저를 포함해서 스무 권의 저서를 출간했고 260여 편의 연구논문을 국제학술지에 발표했다. 한국물리학회 학술상(2000년)과 한국과학상(2002년), 암곡 학술상(2019년)을 받았다.

그렇게
물리학자가 되었다

"그래 결심했어, 난 물리학자가 될 거야!" 하고 생각했던 결정적 순간은 딱히 기억나지 않는다. 나이를 먹어 어른이 되듯, 자연스럽게-스스로 그러하게-내가 재미를 느끼고, 할 수 있는 공부를 하다 보니 물리학자가 되어 있었다. 그 길이 자연스러웠다고 생각하는 건 '무엇이 될까'를 고민하기 전부터 이미 과학의 영토에 발을 들여놓고 있었기 때문일지도 모르겠다.

그 시작은 장난감 자동차 바퀴가 굴러가는 모습이 신기해서 어떻게 작동하는지 꼼꼼히 살펴보곤 했던 세 살 무렵일 수도 있고, 밤하늘의 별을 보면서 그 신비로움에 매혹되어 별과 우주를 궁금해하던 예닐곱 살 때였을 수도 있다. 무수히 많은 뭇알갱이들이 상호작용하여 물질이 생기고 여러 물질의 성질이 떠오르듯이, 아마도 내가 만난 여러 사람과 사물들 그리고 내가 경험한 다양한 사건이 나를 물리학자의 길로 이끌었을 것이다. 그중엔 내가 기억조차 못 하는 것도 많겠지만, 그래도 어떻게 물리학자, 그중에서도 이론물리학인 통계물리를 전공하고 물질, 생명, 사회를 아우르는 통합학문을 지향하는 물리학자가 되었을까 생각해 보면 몇 가지 인상적인 순간이 떠오른다.

《학원》, 「금성 탐험대」, 그리고 현미경

초등학교에 입학한 지 얼마 안 된 어느 봄날이었다. 그날도 일어나자마자 《학원》을 붙잡고 읽기 시작했다. 《학원》은 중·고등학생 대상의 교양 잡지로, 우리 집에서 《학원》의 공식 독자는 내가 아니었다. 위로 누나가 다섯, 바로 위에 언니(형), 그리고 나까지 아이만 일곱인 집의 막내였던 나는 어린 아우들이 으레 그렇듯 내게 주어진 것들보다 누나와 언니의 것에 더 눈길이 갔다. 아이 일곱에 부모님, 할머니까지, 열 식구가 함께 살았으니 내 것 네 것이 따로 없기도 했다. 누나들에 둘러싸여 생활하다 보니 글도 곁눈질로 혼자 익혀서 네 살 때부터 글을 읽을 줄 알았는데, 그때부터 《학원》을 탐독했던 것 같다.

《학원》에는 과학을 비롯한 다양한 주제의 기획 기사와 연재소설, 만화 등이 수록되어 있었다. 여러 종류의 길짐승과 날짐승—뒤에는 물짐승과 외계인까지—을 의인화하고, 진돗개를 주인공으로 삼은 정운경 화백의 만화 「진진돌이」는 연재를 처음 시작할 때부터 즐겨 보았다. '진진돌이'가 고향을 떠나는 버스를 탔는데 몰래 괴나리봇짐에 숨은 생쥐 '찍길이' 때문에 벌어진 소동을 그린 첫 회 장면이 지금도 떠오른다. 이를 따서 우리 집에 입양된 진돗개—순종은 아니었지만—를 '진돌이'로 이름 짓기도 했다. 다양한 교양 기사와 연재소설, 특히 과학과 관련된 기사와 소설은 더욱 흥미로웠다.

당시 《학원》에 실린 내용은 꽤 수준이 높았다. 연재소설은 연재가 끝나면 단행본으로 출간되곤 했다. 잡지와 별개로 청소년을 위한 한국문학과 세계문학 시리즈도 출간했는데, 번역과 기획이 상당히 훌륭해서 당시에는 그보다 더 나을 수 없었다고 여겨진다. 기억이 많이 희미해졌지만, 마해송 작가의 『비둘기가 돌아오면』, 박계주 『날개 없는 천사』, 김내성 『황금박쥐』와 『쌍무지개 뜨는 언덕』, 조흔파 『얄개전』과 『에너지 선생』, 정비석 『의적 일지매』, 오영민 『처음부터 끝까지』와 『물오르는 나무들』, 최요안 『해바라기의 미소』와 『은하의 곡』, 이영찬 『바다가 보이는 언덕』 등과 외국 작품으로 도일A. C. Doyle의 셜록 홈스 시리즈, 르블랑M. Leblanc의 뤼팽 시리즈, 트웨인M. Twain, 위고V. Hugo와 뒤마A. Dumas의 몇몇 작품, 그리고 특히 베른J. Verne과 웰즈H. G. Wells의 여러 과학모험소설은 지금도 떠오른다. 『모히칸족의 최후』는 시리즈의 마지막 권이어서 더 분명하게 기억하고 있다. 이들을 펴낸 '학원사'는 획기적으로 좋은 가정의학사전과 백과사전도 펴내었고 훌륭한 문학상을 제정했으며 장학 사업도 했는데, 재정의 어려움으로 사실상 문을 닫게 되었다고 들었다(이에 따라 1969년부터 《학원》은 다른 사람이 발행하게 되었는데 그마저도 1979년에 결국 폐간되었다). 지금도 생각하면 참으로 안타깝다. 초등학생용 잡지로는 《새벗》을 비롯해서 《새소년》 등 몇 가지가 생겨났지만, 《학원》을 탐독하던 내게 《새소년》은 시시해서 재미가 없었다.

초등학교 1학년 때는 교실이 모자라서 두 반이 같은 교실을 오전과 오후로 나누어 쓰는 2부제로 수업을 진행했다. 그날 오후반이었던 나는 아침부터 《학원》에 연재 중이던 한낙원 작가의 「금성 탐험대」를 읽느라 푹 빠져서 말 그대로 시간 가는 줄 몰랐다. 문득 벽시계를 보니 등교 시간인 오후 1시가 훌쩍 지나 있었다. 가슴이 철렁하여 급히 학교에 갔는데, 담임 선생님께 차마 늦은 이유를 말씀드리지 못하고 쩔쩔맸던 기억이 생생하다. 「금성 탐험대」는 당시 적대적 경쟁 관계였던 미국과 소련(현재 러시아)에서 각각 금성 탐험대를 조직해 금성 탐사를 떠나는 내용의 과학소설이었다. 주인공인 두 한국인 동무가 서로 다른 쪽 탐험대에서 활동하게 되면서 갈등하는 이야기인데, 금성까지 가는 과정과 금성의 환경이 실감나게 묘사되어 있었다. 그때만 해도 금성의 환경에 대해 알려진 사실이 거의 없었으므로, 소설에서는 금성에서 사람이 활동하는 데 문제가 없고 심지어 금성에 생명체가 있는 것으로 묘사되었는데 이는 나에게 많은 상상의 나래를 펼치게 했다. 나중에 이것이 모두 허구이고 실제로는 생명체가 존재할 가능성이 거의 없다는 사실을 알게 되면서 몹시 실망했던 기억이 난다. 그 뒤로 허구인 소설, 특히 '공상과학'소설에 대한 흥미를 많이 잃었다. 하지만 「금성 탐험대」를 읽으면서 미지의 우주에 대한 호기심이 더욱 커졌고 그러한 것을 이해하려고 노력하는 삶, 그런 인생이 가장 재미있겠다고 생각하게 되었다.

초등학교 3학년 때는 외국의 과학서적을 번역한 시리즈를 접하면서 다윈C. Darwin의 『비글호 항해기』와 판 론H. W. van Loon의 『기적을 낳는 인간』 등을 읽었다. 특히 드 크루이프^{P. H. de Kruif}의 『미생물을 쫓는 사람들』을 읽으며 깊은 감명을 받았다. 직접 현미경을 만들어서 미생물을 처음으로 발견한 판 레이우엔훅^{A. van Leeuwenhoek}으로 시작해서 발효 연구를 통해 미생물학의 성립에 이바지하고 미친개병(광견병)의 치료백신을 만든 파스퇴르^{L. Pasteur}, 결핵균을 발견한 코흐^{R. Koch}, 말라리아를 연구한 로스^{R. Ross}와 그라시^{G. B. Grassi}, 황열병 관련 실험을 지휘한 리드^{W. Reed} 등을 다루었는데, 감염병의 수수께끼를 풀어 나가는 연구 활동에 강한 흥미를 느꼈디. 현미경을 가지는 것이 소원이었으나 당시 우리 집은 경제적으로 무척 어려워 열 식구가 상수도도 없는 단칸방에서 사는 형편이라 꿈도 꿀 수 없었다. 그런데 5학년 때 우연히 망가진 쌍안경 한쪽을 얻었고, 이를 분해해서 빼낸 렌즈를 조합하여 현미경을 만들었다(사실은 중학생이던 내 언니가 만들었고, 나는 조수 노릇을 했다). 이를 이용해서 잉크로 염색한 양파의 세포핵을 보았을 때의 흥분은 말로 표현하기 어려울 정도였다. 그래서 학교에서 장래 희망을 조사하면 언제나 과학자라고 썼다. 그때는 신자유주의가 생겨나기 훨씬 이전이고 돈보다는 꿈을 찾던 시절이라 많은 아이가 장래 희망으로 과학자를 꼽곤 했다.

이렇게 '고차원적'으로
물리 문제를 풀다니

초등학교에서는 '자연'이라 불리던 과학 교과목이 중학교에 들어가자 물상과 생물로 나뉘었고, 물리학 관련 내용은 물상 교과목에서 배웠다. 나는 물상과 생물을 모두 좋아했다. 학교 생물실험실에는 멋진 현미경이 있었고, 드디어 그 번듯한 현미경으로 세포를 관찰하며 구조를 그리는 생물 시간이 정말 좋았다. 하지만 그래도 물상이 더 좋았다.

하루는 물상 선생님께서 칠판에 문제를 적으시고, "풀어 볼 사람?" 하셨다. 흔들이(진자)의 움직임 문제였다. 나는 손 들고 나가서 서로 수직인 두 방향으로 힘을 분해하고 뉴턴의 움직임(운동)방정식을 이용해서 흔들이의 속도와 가속도를 구했다. 선생님은 이렇게 '고차원적으로' 문제를 푼 학생은 처음 봤다며 한껏 칭찬을 해 주셨다. 다른 반에 가서도 내 이야기를 하셨단다. 내가 푼 방식이 중학교 교과과정을 넘어섰으므로 선생님께서 놀라셨던 듯하다. 이는 내가 《학원》을 탐독했던 것처럼, 누나의 교과서도 많이 보았기 때문이었다. 초등학교 5학년 때, 당시 고등학생이던 셋째 누나의 물리 교과서를 재미있게 읽었다. 물론 그때는 그저 눈으로 따라 읽는 수준이었지만 $F = ma$ 같은 뉴턴 방정식을 비롯해 고등학교 과정의 물리 내용에 친숙해졌고, 중학교에 들어가서는 식까지 열심히 풀면서 제대로 읽었다. 그 덕에 선생님께서 내신 문제를 고등학생 수준으로 풀 수 있었다. 그 이후로 선생님께 특별하다는 인정을 받았고, 과학에 대한 자신감도 더 커졌다.

고등학교에 들어가자 물상 교과목은 물리와 화학으로 나뉘었다. 둘 중에서는 확연하게 물리가 좋았고, 가장 잘하는 과목도 물리였다. 학교 신문에 '현대물리학의 이해'라는 제목으로 빛, 특수 및 일반 상대성이론, 우주에 대한 기고를 4회에 걸쳐서 연재하기도 했고, 교지에 양자이론에 대한 논단을 싣기도 했다. 물론 지금 돌이켜 보면 "무식하니 용감하다"가 들어맞지만, 물리 선생님의 격려가 힘이 되었다. 물리 선생님께서 다른 학생들에게 몹시 어려운 문제를 보여 주시면서 "이건 최무영도 풀지 못한 문제다"라고 하셨다는 얘기를 전해 듣기도 했다. 되새겨 보면 고등학교에서, 지금 생각해도 놀라울 만큼 물리의 다양한 내용을 매우 정확하고 수준 높게 배웠다.

수학 교과목은 물리 교과목만큼 잘하지는 못했다. 보통 물리를 살하면 수학도 잘하고 좋아하리라 생각하는데, 고등학교 때는 수학을 그리 좋아하지 않았다. 지금은 더 심해졌다는데 그때도 고등학교 수학은 문제 풀이 기술을 연습하는 훈련에 가까웠다. 당시 수학 참고서 중 대표적인 것은 『수학의 정석』이었지만, 대학 입학시험을 준비하려면 그것만으로는 부족하다며 일본의 대학 입학시험 문제집이라던 『경향과 대책』이나 『테크닉 수학』 같은 문제집을 널리 공부하였다. 이러한 참고서는 대체로 특정한 기법을 쓰지 않으면 풀 수 없도록 '비틀어서' 꾸며 낸 문제들을 다루었는데, 하나하나 문제마다 푸는 기법을 익혀야 하는 점이 마음에 들지 않았고, 이러한 수학을 썩 좋아하기는 어려웠다.

대학교 입시가 가까워지자 담임 선생님과 주위의 여러 분들이 내게 의과대학 진학을 권했다. 나도 학문으로서 의학에는 관심이 있었지만,

물리학을 포기한다는 생각은 꿈에도 할 수 없었다. 그래서 자연과학과 공학을 모두 아우른 자연계열을 지원했는데, 대학에 입학하자 수학이 달라졌다. 대학 1학년 때 반드시 이수해야 하는 교과목으로 수학 1과 2를 수강했는데 내용은 주로 미적분학으로서 고등학교 수학 교과목에서 배운 미적분과 크게 다르지 않았다. 하지만 대학 입학시험을 위해서 문제 푸는 기법을 익히고 요령을 기억해서 다소 억지로 꾸며 낸 문제를 풀어내야 했던 고등학교 때와는 달리, 대학교에서는 논리적 사고를 기르는 정상적인 수학을 배울 수 있었다. 곧 문제마다 따로따로 푸는 요령을 외울 필요가 없고, 보편성을 바탕으로 하여 사고의 틀 자체로서 논리를 다루는 수학의 매력을 알게 되었다. 자연스러운 논리적 사고 과정에서 문제가 저절로 풀리는 경험이 재미있었다. 시험에서 만점을 받아서 담당 수학 교수님께서 놀라워하시기도 했고, 당시는 자연계열로 입학해서 1학년을 마치고 2학년이 될 때 전공 학과를 정했는데 교수님께서 수학과를 권하시기도 했다.

　　하지만 추상성이 매우 강한 수학보다는 그래도 현실 세계에 뿌리를 둔 물리학이 더 좋았기 때문에 물리학과를 첫째로, 수학과를 둘째로 지원했다. 셋째로는 전자공학과(현재 전기정보공학부)를 지원했는데 전자공학과를 우습게 본다는 농담 섞인 비난을 받기도 했다. 그때는 물리학과와 전자공학과가 합격선이 가장 높다고 알려져 있었다.

자넨 약속을
지켰군

자연계열 학생들은 대부분 1학년 때 수학 외에 기초물리학(교과목 이름은 물리학 및 실험 1과 2)을 두 학기 수강했다. 입학해서 첫 봄학기 때는 이 과목을 강사 선생님께서 담당하셨는데 강의가 실망스러웠고 재미가 없었다. 수준 높은 강의를 기대하고 있었는데 수학과 마찬가지로 물리학도 고등학교에서 배운 내용과 별반 다르지 않았고, 도리어 수준이 낮았기 때문이었다. 더욱이 당시는 박정희 독재가 극에 달한 이른바 유신 시절이었다. 이에 저항하는 시위가 계속해서 일어났고 내가 입학한 대학에 한 달 가까이 휴교령이 떨어졌기 때문에 강의가 충실하게 이루어질 수 없었다. 3월에 입학해서 바로 시위대에 참가했다가 경찰 기동대에 쫓겼던 기억이 생생하다. 머리가 길다는 이유만으로도 경찰에 잡혀갔던, 몹시 억압적이고 우스꽝스럽기까지 했던 독재정권 시절이었다.

　　수업에 실망한 나는 당시에 정평 있던 버클리 물리학 강좌Berkeley Physics Course 교과서를 구해 혼자서 공부하였다. 모두 다섯 권으로 이루어졌는데 1학년 때는 주로 1권과 2권을 공부했다. 상당히 도전적이라 아주 재미있었고 많은 자극이 되었다(3권과 4권은 2학년·3학년 때 이어서 공부했다). 학교가 다시 열리고 학기가 끝나 갈 무렵 기말시험을 치르기 바로 전날, 도서관에서 시험에 대비하여 공부하고 있는데 어떤 학생이 내게 와서 아무도 풀지 못했다는 문제를 물어보았다. 수평면에 빗면이 놓여 있고,

그 빗면 위에 놓인 물체가 중력에 의해 빗면을 따라 미끄러져 내려오는 계에서 빗면과 물체의 움직임을 알아내는 문제였다. 처음에는 막막해서 한참 고생했지만 결국 풀어내어 찬사를 받았다. 관측자의 관점, 이른바 기준틀을 정하고 일관성을 지켜서 뉴턴 방정식을 적용하면 아무리 복잡해 보이는 문제라도 풀린다는 사실을 확인하였고, 보편지식 체계와 그것을 활용하는 분석적 사고의 위력을 체감할 수 있었다.

여름이 지나고 가을학기가 되자 기초물리학 담당 교수님이 장회익 선생님으로 바뀌었는데, 봄학기 때보다 알차고 재미있는 강의를 들을 수 있었다. 이 강의를 들으면서 물리학과에 대한 기대감이 다시 생겨나서 열심히 수강하였고, 시험에서도 만점을 받았다. 채점을 담당했던 조교 선배님들로부터 "점수를 깎으려고 여럿이 '눈에 불을 켜고' 살펴보았지만 깎을 곳이 없었다"는 우스개 섞인 칭찬을 듣기도 했다.

10월에는 대학에 들어와서 처음으로 맞는 축제가 열렸다. 모의재판, 음악회와 연극, 토론회 등 다양한 행사가 있었는데 그중 학술행사로서 과학 심포지엄이 있었다. 정확한 제목은 잊었지만 '과학이란 무엇인가?', '과학이 우리에게 주는 의미', '과학의 사명' 같은 주제에 대해 발표하고 청중과 함께 토론하는 행사였다. 어쩌다가 나는 1학년 대표로 참가하게 되었다. 행사장에 가 보니 나 외에 2학년 대표로 물리학과 학생, 3학년과 4학년 대표로 계산통계학과와 화학과 학생이 발표자로 와 있었고, 놀랍게도 지도 교수가 장회익 선생님이셨다. 장 선생님께서 먼저 인류의 생태적 위기에 대해 발제하시고, 3학년 학생과 2학년 학생이 이어서 발표하였다. 나는 아직 전공이 없었던 터라 일반론으로 과학의 근본적인 목적과 사명이 사람을 위한 것임을 강조하고, 이에 따라 '과학의 인간화'를 주장했다. 멋모르는 1학년으로서 말만 번드르르했다고 할 수 있지만, 내나름으론 기특한 발표였다고도 생각된다. 실제로 '과학의 인간화'는 40여 년 동안 내 연구 활동의 동기와 주제가 되어 마침내 통합학문을 추구하는 길로 들어서게 되었으니, 이제 돌이켜보면 감회가 새롭다. 행사가 끝난 뒤에 청중 중에 한 학생이 내게 와서 내 발표가 가장 좋았다고 말하기도 했다.

내게는 이 행사가 더욱 각별했는데, 이때 처음으로 장회익 선생님을 개인적으로 대면했기 때문이다. 기초물리학 강의를 듣던 학생이 많았으므로 선생님께서 나를 모르시리라 생각해서 아무런 말씀을 드리지 않고 있다가, 행사가 끝나고서야 인사를 드렸다. "제가 사실 선생님 강의를 듣고 있습니다." 그러자 선생님께서는 "그래, 알고 있었네" 하셨다. 나는 당황스러워서 그 상황을 벗어나려고 "내년에도 뵐 것 같습니다"라고 말씀드렸더니, 선생님께서는 "물리학과에 올 건가? 생각 잘했네"라고 말씀하셨다. 이것이 장회익 선생님과 내가 처음으로 나눈 대화였다. 1학년을 마치면서 앞서 언급했듯이 물리학과를 지원했고, 합격해서 2학년부터는 물리학과에서 공부하게 되었다. 물리학과 2학년의 지도 교수가 마침 장선생님이셨는데, 나를 보시고는 "자넨 약속을 지켰군" 하셨다.

아, 라그랑지안!
다양한 관점에 눈이 떠지던 순간

물리학과 2학년 학생이 되면서 같이 공부하는 동급생 학우들과 상급생 선배들이 생겼다. 학과 '새내기'인 2학년 학생들을 위한 환영회도 있었고, 교수님과 학생을 포함한 모든 구성원이 남이섬에 가서 밤늦도록 토론하며 이야기를 나누기도 하였다. 이러한 행사와 함께 소속감이 생기면서 동급생들 모두가 친하게 지낼 수 있었다. 한번은 지도 교수셨던 장회익 선생님께서 우리를 위한 야유회를 기획하셨다. 우리는 네 팀으로 갈라져 각각 다른 곳에서 출발해서 지도만 참조하여 목적지를 찾아가는 내기를 펼쳤다. 온위치잡기체계GPS는 물론 휴대전화도 상상도 할 수 없던 때였고, 목적지인 수리산 주위에는 인가가 전혀 없었다. 그래도 다들 어찌어찌 잘 찾아왔고, 모두 도착하자 선생님께서는 순위에 따라 상을 주셨다. 이름이 각각 '총장상', '학장상', '학과장상', '지도교수상'이었는데 내용물은 모두 같았다. 한바탕 웃고 점심을 나눠 먹은 후에 배움과 삶에 대해 진지한 토론을 벌였다. 지금 생각해도 참으로 멋진 야유회였고, 한편으론 나도 지도 교수가 되었는데 그렇게 멋진 일을 벌이지 못해서 아쉽고 부끄럽기도 하다.

물리학과에서 배운 첫 교과목은 '(고전)역학'이었다. 두 학기 강좌였는데 첫 봄학기를 장회익 선생님께서 맡으셨고, 미적분을 이용해서 주어진 양의 변화를 계산하는 변분법과 라그랑주-해밀턴Lagrange-Hamilton역학을 배웠다. 힘 대신 에너지에 기반을 둔 해밀턴의 '최소작용 원리'로부터 변분법을 써서 라그랑주 방정식과 해밀턴의 바른틀방정식canonical equation을 이끌어 내고, 이를 써서 다양한 대상의 움직임을 알아내는 과정은 참으로 멋졌다. 그때까지 내가 알던 뉴턴역학은 물체가 외부에서 힘을 받으면 움직임이 변화해서 가속도가 생겨난다는 진술이 핵심으로서, 가속도 a와 힘 F, 그리고 물체의 질량 m 사이의 관계가 바로 뉴턴의 움직임 방정식 $a = F/m$로 나타내진다. 따라서 처음에 물체의 위치와 속도, 곧 초기 상태를 알면 주어진 힘에 비례하는 가속도를 구함으로써 물체의 운동을 기술할 수 있고, 나중, 곧 임의의 시각에 물체의 상태를 예측할 수 있다. 그에 반해, 라그랑주-해밀턴역학은 주어진 계의 운동에너지와 잠재에너지—흔히 위치에너지라고 불리는—의 차이로 정의되는 라그랑지안Lagrangian이나 계의 전체 에너지(운동에너지와 잠재에너지의 합)를 위치와 운동량의 함수로 나타내는 해밀토니안Hamiltonian을 이용한다. 라그랑지안을 처음부터 나중까지 시간에 대해 적분한 양을 작용action이라고 부르는데, 그 적분 값은 주어진 상황에서 대상이 어떠한 길로 움직이는가에 따라 달라진다. 가능한 여러 길 중에서 작용이 가장 작은 값을 지니는 길을 따라서 대상이 움직인다는 진술이 바로 '최소작용 원리'이다. 이에 따르면 공을 던졌을 때 지나갈 수 있는 모든 길 중에서 작용이 최소인 포물선으로 움직인다고 간단히 이해할 수 있어서, 공이 지구로부터 중력을 받아서 가속도가 생기고 이로부터 속도와 위치가 시간에 따라 정해져서 포물선을

학부 시절 대학교 도서관에서 공부 중인 저자(왼쪽). 1975년 무렵.

물리학과에서 배운 첫 교과목은
'역학'이었다. 에너지에 기반한 라그랑주-해밀턴역학이
내가 알고 있던 뉴턴역학과 동등하다는 사실에
놀라지 않을 수 없었다.

그리며 날아간다는 뉴턴역학의 다소 번잡한 설명이 필요하지 않다.

이렇게 에너지에 기반한 라그랑주-해밀턴역학이 내가 알고 있던 뉴턴역학과 동등하다는 사실에 놀라지 않을 수 없었다. 특히 힘이라는 외부 원인이 움직임의 변화, 곧 가속도를 가져온다는 '움직임 법칙' 대신에 대상 자체의 (내부) 성질인 에너지를 고려하고 '최소작용 원리'라는 자연 자체의 성질을 제시한 것은 고전역학의 기계론을 목적론 시각으로 바꾼 듯해서, '이런 세계가 있구나!' 충격이었다. 그동안 모든 노력을 주어진 문제의 정답을 알아내려는 데에 쏟아부었는데, 문제를 해결하는 길이 한 가지가 아니라니! 이는 단 하나의 '정답'이 존재하는 것이 아니라 여러 '해답'이 가능하다는 사실을 알려 주었고, 이로부터 세상을 보는 다양한 관점의 중요함을 깨닫게 되었다.

상대성이론에서 서로 움직이는 두 기준틀(예컨대 지면과 달리는 기차) 사이의 관계를 나타내는 로런츠변환 Lorentz transformation 도 비슷한 통찰을 주었다. 로런츠변환은 일반적으로 각 기준틀에서 어떤 대상의 위치 자리표(좌표) 사이의 관계로부터 얻어지지만, 대상이 아니라 기준틀인 시공간 자리표계를 돌려도 로런츠변환을 얻어 낼 수 있다. 그 사실을 계산으로 확인하면서 '4차원 시공간'의 개념을 새로운 시각으로 깨우칠 수 있었다. 나아가 뉴턴역학이 우리 인식의 범위를 2차원 평면에서 3차원 공간으로 확장했듯이 상대성이론은 이를 다시 4차원 시공간으로 확장했다는 의미를 명확하게 이해할 수 있었다.

장회익 선생님의 강의는 참으로 명쾌하였다. 모든 내용이 명료하였고 그래서 쉽게 느껴졌는데, 특히 두 가지가 생각난다.

하나는 시험에 대한 기억인데, 문제들이 재미있었다. 중간시험에서, 도르래에 걸쳐진 줄의 한쪽에는 원숭이, 다른 쪽에는 같은 질량의 바나나가 높이 매달려 있는 그림을 보여 주시고 "이 계의 물리를 논의하라"는 문제를 내셨다. 원숭이의 지능 및 의도를 들먹이는 등 문제의 해석이 분분했지만, 결국 원숭이가 바나나를 먹으려고 줄을 타고 올라가면 어떻게 될까 묻는 문제였고, 나는 작용-반작용 짝을 정확하게 고려해서 문제를 풀었다. 나중에 시험 결과를 알려 주셨는데 대체로 점수가 (100점 만점에) 50점 정도로서 높지 않은 편이라, 다수의 학생이 풀이 죽었다. 그러자 선생님께서는 30점에 미달하면 분발해야 한다며 희망과 용기를 북돋아 주셨다.

다른 하나는 글쓰기 과제이다. 연습 문제 풀이 외에 글쓰기 과제를 두 번이나 내셨는데, 학기 중간에는 '물리학이란 무엇인가?', 학기말에는 '역학이란 무엇인가?'라는 주제로 보고서를 써야 했다. 강의를 듣던 동급생들은 모두 힘들어했고, 보통의 시험을 치르는 편이 훨씬 쉽겠다고 이구동성이었다. 나도 부담스러웠지만 해내고 보니 많은 도움이 되었다. 강의 내용을 덮어놓고 따라가기만 했는데, 잠시 멈춰 돌아보며 그 뜻에 대해 생각해 볼 기회를 얻게 되었다. 참고자료도 찾아봐 가며 나름대로 생각을 정리해서 써 냈는데, 좋은 평가를 받아 뿌듯했다. 사실 초등학교와 중학교 다닐 때까지는 글짓기를 제법 했고 여러 차례 뽑히기도 했는데 문과와 이과를 나누는 고등학교에서 이과반이 되면서 글을 쓸 기회가 거의 없었다. 이는 자연계열로 물리학을 공부한 대학에서도 이어지면서 글을 쓴다는 것은 무척 부담스러운 일이 되어 버렸다. 그나마 그때의 보고서 경험이 근래에 이런저런 글을 쓰고 책을 내는 데에 도움을 주지 않았을까 생각해 본다.

첫 논문이 《물리학편지(Physics Letters A)》에 실리기까지

물리학과 3학년이 되면서 두 학기 동안 양자물리를 배우게 되었다. '현대물리'로 뭉뚱그려서 조금 공부한 적은 있지만, 고전역학이 아닌 양자역학을 제대로 배우게 되니 마음이 흥분할 만하였다. 그동안 고전역학만 배워 왔을 뿐 아니라 일상에서 고전역학에 젖어 있던 우리에게 완전히 새로운 동역학 이론 체계로서 양자역학은 미지의 세계였다. 주어진 계의 상태를 기술한다는 파동함수의 정체도 수수께끼였고, 측정을 하면 상태가 순간적으로 바뀐다는 이른바 파동함수의 무너짐collapse은 도무지 이해할 수가 없었다. 원로 교수님께서 열심히 강의해 주셨고 봄학기 동안 표준의 교과서 내용을 충실하게 배웠으므로 편미분방정식의 꼴을 지닌 '슈뢰딩거 방정식'을 풀어서 파동함수를 구하는 과정은 어느 정도 익히게 되었다. 양자물리 교과과정에 따르면 가을학기에는 주어진 계를 살짝 뒤흔드는 건

드림perturbation과 부딪쳐서 흩어지는 현상, 곧 흩뜨림scattering을 배우게 되는데, 건드림을 배우면 머리가 슬슬 건드려지다가 흩뜨림을 배우면서 머리가 완전히 흩뜨려진다는 우스개가 있었다. 그런데 가을학기 도중에 담당 교수님께서 대학입시 출제로 갇히시게 되면서 나머지 강의를 마침 장회익 선생님께서 맡으셨다. 역시 기대한 대로 명료한 강의를 들을 수 있었다. 그래도 완전히 납득하지 못한 내용이 있었지만, 덕분에 머리가 크게 흩뜨려지지는 않았다고 기억한다.

가을학기에는 열물리도 배웠는데, 원칙에 철저하시다고, 그래서 성적을 무척 박하게 주시는 것으로 알려진 이구철 선생님께서 강의하셨다. 열역학과 통계역학, 그리고 수수께끼 같던 엔트로피를 가르쳐 주셨는데 그때 이미 확률의 주관적·객관적 의미와 정보이론의 관점을 다루며 앞서 나간 강의였다. 내용은 무척 훌륭했으나 아쉽게도 집중해서 듣기가 어려웠다. 선생님의 말소리에 억양이 거의 없어서 점심 먹고 나서 듣다가 졸지 않고 버티기가 매우 힘들었기 때문이다. 이를 두고 이구철 선생님께서는 엔트로피를 최대로 하여 말씀하신다는 우스개가 생겼다.

공포 분위기의 유신 시절이었고, 교정에서는 이따금 시위가 벌어졌다. 하지만 무자비한 진압을 견디고 학과 공부를 하는 틈틈이 음악대학 합창단에 껴서 바흐와 베토벤을 연습하고 공연하기도 했다. 또한, 내가 주도해서 동급생들과 함께 수학여행을 빙자해 설악산 대청봉에 오르기도 했고, 4학년 봄학기에는 졸업여행이랍시고 목포부터 부산까지 남해안

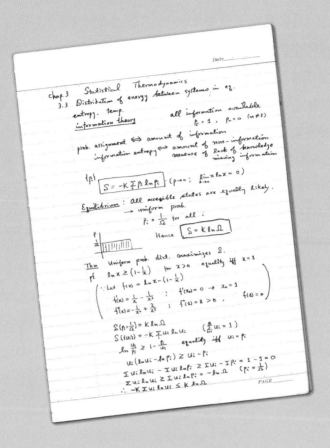

chap.3 Statistical Thermodynamics
3.3 Distribution of energy between systems, in eq.
entropy, temp.
information theory   all information available
                                $P_i = 1$, $P_n = 0$ $(n \neq i)$

prob. assignment $\Longleftrightarrow$ amount of information
information entropy $\Longleftrightarrow$ amount of non-information
                               measure of lack of knowledge
                                          missing information

$\{p_i\}$ $\boxed{S = -K \sum_i p_i \ln p_i}$; $(p \to 0$; $\lim_{x \to 0} x \ln x = 0)$

Equilibrium : all accessible states are equally likely.
       $\to$ uniform prob.
            $P_i = \frac{1}{\Omega}$ for all i

            Hence $\boxed{S = k \ln \Omega}$

Thm Uniform prob. dist. maximizes S.
pf $\ln x \geq (1 - \frac{1}{x})$ for $x > 0$ equality iff $x = 1$
$\begin{cases} \text{Let } f(x) = \ln x - (1 - \frac{1}{x}) \\ f'(x) = \frac{1}{x} - \frac{1}{x^2} \ ; \ f'(x_0) = 0 \to x_0 = 1 \\ f''(x) = -\frac{1}{x^2} + \frac{2}{x^3} \ ; \ f''(1) = 1 > 0 \ , \ f(1) = 0 \end{cases}$

$S(P_i = \frac{1}{\Omega}) = k \ln \Omega$
$S(\{u_i\}) = -K \sum u_i \ln u_i$ $(\sum_i u_i = 1)$
$\ln \frac{u_i}{P_i} \geq 1 - \frac{P_i}{u_i}$ equality iff $u_i = P_i$
$u_i (\ln u_i - \ln P_i) \geq u_i - P_i$
$\sum u_i \ln u_i - \sum u_i \ln P_i \geq \sum u_i - \sum P_i = 1 - 1 = 0$ $(P_i = \frac{1}{\Omega})$
$\sum u_i \ln u_i \geq \sum u_i \ln P_i = -\ln \Omega$
$\therefore -K \sum u_i \ln u_i \leq k \ln \Omega$

이구철 선생님은 열역학과 통계역학,

그리고 수수께끼 같던 엔트로피를 가르쳐 주셨는데

그때 이미 확률의 주관적·객관적 의미와 정보이론의

관점을 다루며 앞서 나간 강의였다.

을 돌아보기도 했다. 이런 활동들이 엄혹한 시절에 숨통을 틔워 주었다.

한편, 4학년 봄학기에는 3학년 가을학기의 열물리에 이어서 통계물리 강의를 들으며 동역학의 미시적 기술로부터 거시적 기술로 옮겨감에 따라 등장하는 분배함수와 자유에너지, 바른틀분포 등 통계역학의 형식들에 대해 배우고 익힐 수 있었다.

　　4학년에는 논문이라는 과업도 기다리고 있었다. 이학사 학위를 받고 졸업하려면 논문을 써야 했으므로, 장회익 선생님께 논문을 지도해 주십사 부탁을 드렸다. 원래 우주를 다루는 천체물리에 관심이 많았으므로, 나는 천문학과의 관련 교과목 강의를 대부분 수강한 상태였다. 그래서 장선생님께 우주를 다루는 천체물리를 공부하고 싶다고 말씀드렸다. 선생님께서는 가장 흥미로운 주제가 바로 우주와 생명, 이 두 가지인데 당신께서는 그중에 우주가 아니라 생명에 관심이 있다고 하셨다. 그럼에도 불구하고 나는 내 관심을 쫓아서 우주와 관련하여 시간 비대칭, 곧 못되짚기 irreversibility를 고찰한 논문을 써서 보여 드렸다. 못되짚기와 관련해서 파동의 퍼져나감, 양자역학에서 측정에 따른 상태 무너짐, 엔트로피가 저절로 줄어들 수 없다는 열역학 둘째 법칙, 그리고 우주의 불어남(팽창)을 분석하고는 결국 둘레(경계)조건의 중요성을 강조하였는데, 제법 여러 논문과 전문서적을 참고하고 논리를 정리해서 열심히 썼고, 나로서는 그런대로 자부심이 있었다. 선생님께서도 마음에 드셨는지, 더 정리하고 보완해서 한국물리학회에서 펴내는 한글 학술지 《새물리》에 투고를 권하셨다.

그러나 엄두가 나지 않았고—당시는 개인용 컴퓨터는커녕 복사기도 없었으므로 모두 손으로 썼고, 따라서 내용을 더 정리해서 투고하려면 처음부터 새로 써야 했다—게으르기도 해서 투고는 이루지 못하고, 논문을 그대로 물리학과 도서실에 제출했다. 나중에 유학을 마치고 돌아와서 도서실에 가 보았지만 내 논문은 찾을 수 없었다. 거의 반세기가 지난 지금 다시 보면 부정확하거나 다소 유치한 내용이 눈에 뜨일 수도 있겠지만, 그래도 내 첫 논문이었는데 베껴서 사본을 만들어 놓을 걸 하는 아쉬움이 크다.

학문으로서 물리학 공부는 대학원에서 비로소 시작된다고 할 수 있다. 사실상 대학 과정은 교양 교육에 가깝고, 본격적인 진공 교육은 대학원에서 이루어진다. 따라서 학부를 마치고는 곧바로 대학원에 진학해서 석사과정을 시작하였다. 대학원에서는 전공 분야를 정하고 그에 맞춰 지도 교수도 정해야 한다. 물리학의 분야는 대체로 물질의 구성 단계, 곧 기본입자, 핵, 원자와 분자, 응집물질 중에 어느 단계를 다루냐에 따라 입자물리, 핵물리, 원자·분자물리, 응집물질물리로 나뉘며, 그 밖에 특별한 대상과 관련된 천체물리, 생물물리, 화학물리, 지구물리 등이 있다(최근에는 사회현상을 다루는 경제물리, 사회물리도 생겨났다). 이 가운데 가장 관심이 있던 우주와 관련된 천체물리는 지도 교수로 정할 수 있는 분이 계시지 않아 일단 제외했다. 장회익 선생님의 전공 분야는 고체물리(응집물질물리)였는데 크게 흥미를 느끼지 못했다. 아무리 장 선생님이 지도 교수라지만, 그 분야는 마음이 가지 않았다. 실은 선생님께서도 응집물질·고체보다는 생명 현상에 관심이 있으셨고, 결국 이후에 과학철학 분야로 옮겨 가셨다.

이리저리 고민하던 중에 색다른 분야로 통계역학이라는 방법을 쓰는 통계물리가 눈에 들어왔다. 물리학의 방법을 크게 나누면 동역학과 통계역학이다. 통계물리는 다른 분야와 달리 대상에 따른 분류가 아니고 방법에 따른 분류라는 점에서 특별하다. 통계물리 분야에는 이구철 선생님이 계셨고, 이에 더해서 김두철 선생님이 새로 부임하셨다. 결국, 통계물리로 전공을 정하고 김두철 선생님을 지도 교수로 모셨다. 그런데 해마다 미국에 반년씩 가 버리시는 바람에 부득이 이구철 선생님으로 지도 교수를 바꾸었다. 마침 통계역학을 공부하고 미국 텍사스대학교University of Texas에서 플라스마plasma를 연구하시던 최덕인 선생님께서 방문 교수로 와 계셔서(최덕인 선생님은 나중에 한국과학기술원장으로 재직하셨다) 선생님께 혼돈chaos에 대해 배울 수 있었다. 질서정연한 세계만 생각하던 내게 혼돈이란 낯설지만 아주 흥미로워 보이는 현상이었다. 나는 심취해서 공부하였고, 대학 시절 동급생이셨다는 두 선생님의 지도로 '비선형떨개의 확률성에 미치는 잦아들기 효과Effects of damping on stochasticity of a nonlinear oscillator'에 대해 석사학위 논문을 쓰게 되었다. 흔들이를 주기적으로 건드려 몰아가면 혼돈스러운 거동이 나타날 수 있는데 잦아들기, 곧 주위 환경으로 에너지의 흩어짐이 이러한 혼돈 현상에 어떠한 영향을 미치는지 분석하였다. 이 논문은 국제학술지인 『물리학편지Physics Letters A』에 게재

되었다. 나의 첫 학술논문이었고, 우리나라에서 혼돈 현상을 처음 연구한 논문이었다.

　　나의 대학원 시절은 우리나라 현대사의 격동기였다. 유신에 이어서 다시 군부독재로 이어지던 암울한 시기를 살면서, 그나마 고등학교와 대학 시절 동무들, 그리고 선배들과 깊은 교류를 통해 삶의 의미를 찾고 활력을 얻을 수 있었다. 특히 가을에 강원도로 산행을 갔다가 절벽에서 떨어지는 사고로 죽음 문턱에 갔다 왔는데, 그 시각이 총탄으로 유신 시대가 막을 내린 시각과 맞물려서 기억에 깊이 새겨졌다. 이어서 찾아온 '서울의 봄'에 학교에서 모여 영능꾜, 합성, 신촌을 시나 랭진하디기 이현동에서 끔찍한 최루탄을 피해서 숨었던 기억, 그리고 서울역에 집결했다가 어처구니없게 해산해 버린 기억도 떠오른다. (그때 강력했던 시위를 무위로 돌리고 동력을 급속도로 없애 버린 장본인은 그 공로인 듯 이후에 집권당의 국회의원으로 출세의 길을 달렸다.) '서울의 봄'은 곧바로 광주민주화항쟁의 비극으로 이어지며 짧게 끝나 버렸고, 군사정권은 독재자만 바꿔서 계속되었다. 나는 대학원에서 석사과정을 마치고, 한 학기 동안 어느 대학에서 강사로 기초물리학을 가르쳤다. 즐겁고 재미있는 경험이었지만 결국 미국으로 유학길에 오른 이유 중에는 이 암울함에서 탈출하고자 하는 의도도 있었다. 다행히 스탠퍼드대학교Stanford University에서 박사과정 기간 내내 학비와 생활비를 포함한 장학금을 받게 되어서 재정 걱정 없이 편한 마음으로 떠날 수 있었다.

"미국인을 부끄럽게
만들었다"

태어나서 처음으로 비행기를 탔고, 열 시간 넘게 날아서 미국에 도착했다. 몇 해 전에 유학을 시작한 선배도 소개받았다. 선배는 내가 정착하는데 도움을 많이 주셨다. 처음에는 동네에 자취방을 얻었기 때문에 학교까지 거리가 제법 멀었지만, 다행히 한 학기 지나서는 학교 아파트에 들어갈 수 있었다. 그래도 대학 교정이 넓어서 자전거로 통학했다. 끼니를 해결하는 문제는 좀 힘들었다. 아침은 우유와 빵, 요구르트로 간단히 하고 점심과 저녁은 학교 식당에서 주로 샌드위치를 사 먹었는데 오래지 않아 싫증이 나서 직접 만들어 먹었다. 저녁에 집에 와서 저녁밥을 지어 먹고, 미리 다음 날 점심 도시락을 싸 놓곤 했다. 좋아하는 된장찌개를 거의 날마다 끓였는데, 아파트를 같이 쓰던 백인 학생이 처음에는 그 냄새를 몹시 괴이하게 여겼으나 나중에는 익숙해했던 기억이 난다. 두부와 채소를 자주 지져 먹었고 이따금 물고기를 조려 먹기도 했다. 요리가 제법 손에 익은 뒤에는 배추를 사서 김치를 담그기도 했고 연구실을 함께 쓰던 학생들을 초대해서 저녁 식사를 대접하기도 했다.

　　박사과정에 입학하자마자 양자역학, 전기역학, 통계역학 등 기초 교과목은 우리나라 석사과정에서 이미 이수했으니 면제해 달라고 요청했다. 수준이 높은 상급 교과목을 우수하게 이수하면 인정해 주겠다고 해서 처음부터 뭇알갱이계이론Theory of many-particle systems, 응집물질특강Topics

최무영　　　　　　　　　　　　　　　　　　　　　　　　　180

in condensed matter, 비선형현상Nonlinear phenomena 등 어려운 교과목을 듣게 되었는데, 전혀 들어 보지 못한 내용인 데다가 영어도 들리지 않아서 많이 고생했다. 특히 도니악S. Doniach 교수님의 응집물질 강의는 발음뿐 아니라 글씨도 알아보기 힘들어서, 옆에 앉은 미국 학생에게 물어봤더니 자기도 모르겠다고 해서 짐짓 마음을 놓기도 했다. 다행히 잘 이수했고, 기초 교과목 면제를 승인받을 수 있었다.

첫 학기를 무사히 보내고 지도 교수를 결정할 시기가 되었다. 우주에 대한 흥미는 계속되어서 천체물리와 우주론의 여러 교과목을 이수했고, 강의하신 교수님으로부터 우주론 전공을 권유받기도 했다. 하지만 결국 석사과정 때 전공했던 통계물리를 계속하기로 결정했다. 혼돈 현상을 포함하고 있을 뿐 아니라, 다른 분야와 달리 거시적 기술記述로 무척 다양하게 존재하는 뭇알갱이계에서 집단현상의 떠오름emergence을 다룬다는 점이 마음에 들었다. 따라서, 혼돈 현상을 기술하기 위해 새로 떠오르는 비선형동역학을 연구하던 휴버만B.A. Huberman 교수님과 응집물질의 집단현상 연구로 널리 알려진 도니악 교수님을 공동 지도 교수로 모셨다.

여름이 되자 휴버만 교수님은 유럽으로 출장을 가시면서 짤막한 논문 한 편을 주셨다. 신경세포를 내부와 외부 사이의 전위차, 곧 막전위membrane potential의 부호에 따라 들뜸(불붙음)과 가라앉음(꺼짐)의 두 가지 상태로 구분하고, 이를 '스핀' 값 ±1로 딱지 붙이면 각 신경세포는 이징스핀Ising spin으로 모형화할 수 있다. 이렇게 신경세포들의 집단을 이징모형으로 기술하고 그 평형 상태를 다룬 논문이었다. 나는 이 논문을 보다가 일반적으로 신경세포 집단은 평형 상태에 있지 않다는 생각이 들었다. 곰곰이 생각하다가, 비평형 상태를 다루기 위해서 각 신경세포가 연결된 신경세포들로부터 받은 신호에 따라 들뜨게 될 확률을 도입해서, 전체 집단의 상태가 바뀌어 가는 과정을 으뜸방정식^{master equation}으로 다루면 좋겠다는 착상이 떠올랐다. 계산을 마쳐서 돌아오신 교수님께 보여 드렸더니 곧바로 논문을 내자고 하셨다. 이것이 유학 시절 나의 첫 논문으로 출간되었다. 돌이켜 보면 두뇌의 모형인 신경그물얼개^{neural network}의 동역학을 연 것인데, 당시 그런 용어가 없었으므로 '비선형그물얼개^{nonlinear network}'라고 이름 붙였다. 다음 해 봄에 미국물리학회 모임에서 이를 발표하였고, 특별히 주목받을 만한 내용으로 전시되기도 했다. 이후에도 그물얼개를 주제로 여러 편의 논문을 출간하였는데, 이는 신경그물얼개뿐 아니라 당시에 관심을 끌던 스핀유리^{spin glass}와도 밀접한 관련이 있었다.

스핀유리는 구리처럼 자석의 성질이 없는 물질에 망간처럼 자성을 띤 불순물을 조금 넣은 혼합물로, 복잡계^{complex system} 연구의 첫 대상이 된 물질이다. 스핀유리는 비교적 단순한 구조이면서 불순물 원자의 스핀(자기모멘트)이 마구잡이로 얼어붙고 외부 자기마당에 대한 응답이 느리며 자기마당과 온도 변화의 순서, 곧 역사에 의존하는 등 다양하고 특이한 자기적 성질을 보인다. 스핀 사이의 상호작용이 그 거리에 따라 강자성이거나 반강자성일 수 있어서, 서로 경쟁하므로 쩔쩔맴^{frustration}이 있고, 그에 따라 많은 준안정 상태가 생겨나기 때문인데, 이는 바로 복잡계의 전형적인 특징이다. 당시 몇 해 전에 이탈리아의 파리시$^{G. Parisi}$ 교수가 스핀유리를 다루는 방법에 관해 흥미로운 착상을 발표했는데, 휴버만 교수님은 내가 출간한 논문에 비하면 파리시의 논문은 아무것도 아니라고 말씀하셨다. 그런데 파리시 교수는 바로 그 업적으로 40여 년이 지난 2021년에 노벨상을 받았으니, 그리고 나는 어림없으니, 결과적으로 휴버만 교수님의 판단 능력에 심각한 문제가 있었다고 여겨야 할 것 같다.

도니악 교수님과는 자기마당에서 초전도 배열을 기술하는 쩔쩔매는 엑스와이^{XY} 모형의 상전이에 관해 만쪽스러운 결과를 얻어서 논문으로 내었다. 연구하고 있는 주제와 앞으로 계획을 설명하는 자격시험도 잘 치렀다. 그때까지 공부하던 비선형그물얼개에서 늦춰진 상호작용에 따른 집단현상에 관한 내용을 정리해서 발표했는데, 심사위원 중 한 분이 "미국인을 부끄럽게 만들었다"라고 평했다는 말을 지도 교수님을 통해 들었다. 잘했다는 뜻과 함께 다소 미묘한 느낌이 전해졌다. 그때는 미국에서 한국이라고 하면 아예 모르거나 기껏해야 한국전쟁의 참상과 극도의 가난함을 떠올리던 시절이었다. 그런데 물리학을 공부하려고 한국에서 온 여러 유학생이 대부분 미국 학생보다 도리어 우수해 보인다는 사실에 칭찬과 함께 불편함도 묻어 나오는 것 같았다.

박사과정을 시작해서 세 해 만에 모두 여덟 편의 논문을 출간하였고, 그 내용을 모아서 학위 논문을 구성하였다. 다양한 주제를 포함했기 때문에 '모형계의 정역학 및 동역학에 대한 현상론적 접근A phenomeno-logical approach to the statics and dynamics of model systems'이라는 모호한 제목을 붙였는데 다행히 잘 통과되어서 학위를 받게 되었다. 그 과정을 돌이켜 보면 무척 열심히 공부했고, 함께 공부하던 여러 선후배와 가까이 지내면서 즐거움도 많던 시절이었다. 종종 식사에 초대받아 가면 그 기회를 이용해서 평소 굶주렸던 배를 채웠다. 주말에는 가끔 영화관에 가서 영화도 보고 샌프란시스코 바닷가로 나가 맥주를 나누기도 했다. 많은 것을 베풀어 주신 몇몇 분께 지금도 깊은 고마움을 느낀다. 이런저런 활동 중에 대학의 성악 선발시험에 '우수한' 성적으로 붙어서 스탠퍼드합창단Stanford Choir 소속으로 활동하고 공연했던 일은 특별히 자랑스러운 추억이다. 보스턴 등 다른 도시에서 공부하던 고등학교와 대학교 시절 동무들을 몇 차례 만나서 보냈던 시간도 즐거운 추억으로 남아 있다.

그들만의 세계

박사학위를 받으면서 몇 군데 연구원 자리를 알아보았다. 적어도 수십 곳 이상 적극적으로 알아봐야 한다는 말을 들었지만 내키는 대로 열 곳 정도 지원하여 세 곳에서 제안을 받았다. 그중 콜럼버스Columbus에 있는 오하이오주립대학교Ohio State University로 옮겨서 연구원으로 일하였다. 겨울에 처음 콜럼버스에 도착해서는 몹시 실망했다. 샌프란시스코와 달리 바다도 없거니와 그리 아름답지도 않았고 문화의 깊이도 느껴지지 않았다. 하지만 여름에 스탠퍼드대학에 다시 가서 학위수여식에 참석하고 돌아오는 길에 자동차를 빌려서 대륙을 횡단해 보고는 콜럼버스만 한 도시도 없다는 사실을 비로소 깨달았다. 이곳에 있는 동안에는 나를 뒷받침해 주신 스트라우드D. Stroud 교수님과 함께 통계역학을 써서 주로 초전도 배열의 거동을 연구하였다. 밤늦도록 연구하다가(또는 놀다가) 늦게 일어나는 습관이 들어서 점심 무렵이 되어야 학교 연구실에 도착하는 날이 많았는데, 점심 먹으러 내려오는 사람들과 승강기에서 자주 마주치는 바람에 나중에는 눈을 피해서 아예 계단으로 다니곤 했나. 고비싱길긔 무릴서 및 요동의 효과, 그리고 다양한 유리 성질을 분석했고, 두 해 동안 여덟 편의 논문을 냈다. 그런대로 괜찮은 성과였지만 활발하게 토론하고 협력해서 함께 연구하는 기회가 없이 거의 혼자서 연구했던 점이 불리했고 아쉽게 느껴진다.

일상에서는 대학 시절 선후배가 같은 학과에 있어서 도움도 많이 받았고, 즐거운 삶을 이루어 갈 수 있었다. 가까운 친지로부터 중고 자동차를 받아서 연구원 생활 내내 잘 쓰고 있었는데 고속도로를 달리다가 엔진에 불이 붙어서 엄청나게 놀라고 당황했던 일과 사고를 당해서 자동차 운전석 유리가 깨지고 문이 찌그러지는 바람에 부득이 옆자리로 돌아서 타야 했던 일도 이제는 웃을 수 있는 추억이 되었다. 연구원은 교수요원으로서 물리학과 건물 바로 앞 주차장을 쓸 수 있었고, 나는 찌그러진 차를 당당히 그 주차장에 세워 놓곤 했다. 그런데 놀랍게도 고등학교 때 나를 가르치셨던 물리 선생님께서 오하이오주립대학교에 연수하러 오셨다. 오신 줄 몰랐다가 우연히 뵙게 되어, 부득이 찌그러진 자동차로 모시고 다녔다. 선생님께서는 물리학과 주차장에 있는 찌그러진 차를 보고 도대체 누구 차인지 한심하게 생각하고 계셨다는데, 그 주인이 나인 줄 아시자 충격을 받으셨다. 앞으로 학생들에게 물리학을 공부하라고 권하지 못하겠다고 하셨다. 물리학을 공부하면 나처럼 가난해져서 찌그러진 차를 타게 된다고 생각하신 듯하다.

연구원으로 지내면서 몇 차례 여기저기에 세미나 발표를 하러 다녔다. 교수직, 이른바 정규직을 구하느라 한번은 어느 대학에서 발표를 하게 되었는데, 그곳에서 철저히 자기들만의 세계에 담을 쌓아 놓고 있다는 분위기를 느끼고는 역시 미국은 내가 살 곳이 못 된다는 결론을 얻게 되었다. 그 무렵 미국물리학회에서 도니악 교수님을 다시 만났는데, 나를 보시더니 물리학 사회에서 목소리를 높이고 더 공격적으로 나서야 한다고 충고하셨다. 우리나라에서 자라면서 대학 시절까지 받은 교육에 따르면 '열을 알면 다섯을 아는 듯' 보여야 하는데, 미국에서는 거꾸로 '다섯을 알아도 열을 안다'고 나서는 경향이 흔하였다. 따라서 내가 다섯을 안다고 하면 두셋밖에 모르는 것으로 여기기가 십상팔구였다. 학생 시절에도 교수님께 비슷한 말을 들었지만, 그때는 그 뜻을 잘 이해하지 못했다. 결국 '아는 척' 나서고 '잘난 척'해야 한다는 뜻인데, 본래 내 성격이 적극적으로 나서지 못하는 편이다 보니 어쩔 수 없었다. 그러던 중에 운이 좋게도 모교에 교수로 부임할 수 있는 기회를 얻었고, 학생과 연구원 시절을 포함해서 다섯 해 남짓한 미국 생활을 접고서 우리나라로 돌아오게 되었다.

교수의 일, 이론물리 연구자의 일

모교에 돌아와 보니 내가 유학을 떠났던 다섯 해 전과 비교해서 교수 수가 늘어난 점 외에 크게 달라진 점은 없었다. 일단 미국에서아 달리 억지로 '잘난 척'해야 할 필요가 없으니 스트레스를 받지 않아서 무엇보다 좋았다(요새는 우리 사회도 급격히 '미국화'되고 있는데 나는 학교를 떠날 날이 머지않아서 다행으로 생각한다). 처음으로 교수가 되자 몹시 바빠서 겨를이 없었다. 첫해에는 대학원 과정의 양자역학을 강의했다. 나름 고심한 끝에 새로운 교과서를 찾아 정했고, 강의를 열심히 준비하였다. 사실 대학원 수준의 양자역학은 유학 전 석사과정에서 수강한 것이 전부였는데, 그다지 깊게 공부하지 못했었다. 따라서 한 시간 강의를 위해서 적어도 너덧 시간 동안 준비해야 했고, 이에 더해서 자잘한 행정 일이 무척 많아서 좀처럼 연구할 여유를 가질 수 없었다. 그다음 해부터는 한 학기에 세 과목을 강의하기도 했는데, 학기마다 될 수 있으면 새로운 교과목을 맡았다. 교과과정을 개편하는 일을 맡은 김에 전체 과정을 조정했고 몇 가지 새로운 교과목을 만들어서 처음으로 가르치기도 했다. 학창 시절, 특히 석사 과정에서 제대로 배우지 못했다는 아쉬움이 컸기 때문에 학생들에게 최대한 넓고 깊은 지식을 전해 주려는 의지가 강했고, 따라서 가능한 한 다양한 교과목을 준비하느라 몹시 힘들었지만 나 자신에게도 물리학의 이해를 많이 넓히고 깊게 하는 기회가 되었다.

두 해가 지나자 교수로서 웬만큼 적응되었다. 물리학과뿐 아니라 자연과학대학의 잡다한 행정 일은 여전히 가장 큰 부담이었지만 강의는 어느 정도 익숙해져서 연구를 들여다볼 수 있게 되었다. 더욱이 6월 항쟁을 거쳐서 겉으로나마 군사독재의 빛깔이 옅어져 사회 분위기도 가라앉았고, 입자물리 이론과 응집물질 실험 및 이론 분야를 중심으로 해서 물리학과의 연구가 활발해지고 본격적인 궤도에 올라갔다. 나도 이러한 분위기를 타고 일단 초전도 배열을 계속 연구하면서 신경그물얼개 연구도 다시 시작하였다. 또한, 박사과정 학생을 지도하게 되면서 주로 양자 현상과 동역학 거동을 분석하였고, 나아가 당시 새롭게 떠오른 주제도 다루었다. 예를 들면, 나란히옮김 대칭이 없이 방향에 대한 돌림 대칭을 지닌 유사결정quasicrystal, 이차원 평면에서 두 알갱이를 맞바꿀 때 부호가 바뀌는가 하는 맞바꿈(순열) 대칭성에 따른 보손boson과 페르미온fermion을 포괄하는 애니온anyon 등을 다루었다. 특히 방학과 연구년을 이용해서 미국 워싱턴대학교University of Washington를 몇 차례 방문했는데 사울레스D. Thouless 교수님과 초전도 배열에서 양자홀 효과quantum Hall effect를 논의하

워싱턴대학교
사울레스 교수님 연구실에서
토론 중인 저자. 2013년 무렵.

고 위상수학적 불변성에 관해 공동 연구를 수행했던 일이 기억에 남는다. 사울레스 교수님은 내가 다루는 주제가 너무 다양하니 줄여서 한두 가지에만 집중하면 좋을 거라고 조언하셨는데, 후에 사울레스 교수님은 노벨상(2016년)을 받으셨고, 나는 한국과학상(2002년)을 받았다.

연구 과정을 통해서 공부한 내용을 책으로 쓰는 기회도 얻었다. 대우재단에서 기획한 학술총서 모집에 선정이 되었는데 다른 일로 겨를이 없어서 미루고 있다가 재단의 독촉을 받고 급히 원고를 써서 제출하였다. 그런데 모기업의 재정이 어려워지면서 출판을 해 줄 수 없으니 개인적으로 출판하라는 연락을 받았다. 한 출판사에 요청하면서 100부 정도 팔리리라 예상한다고 했더니 1000부는 팔려야 손해를 보지 않는다고 하면서 난색을 표명했다. 하지만, 운영자가 절친한 동무였으므로 내 청을 거절하지 못했고, 책은 『복잡한 낮은 차원계의 물리』라는 제목으로 출간이 되었다. 새로운 주제를 담았고 독창적인 내용도 실어서 상당히 자부심을 가졌던 책인데 다행히 학술원 우수도서로 선정되어서 출판사가 손해는 면했다고 들었다. 기쁘게도 몇몇 젊은 학자들의 연구에 도움을 주었다는 소문을 전해 듣기도 했다.

젊은 교수 시절에 기초물리학 교과서를 만드는 일을 맡았던 기억은 유쾌하지만은 않게 남아 있다. 내가 부임하기 전부터 학과에서 추진하던 사업이었는데 오랫동안 완성되지 않고 초고로 남아 있었고, 이를 완성하는 임무가 가장 젊었던 내게 주어졌다. 당시 재직하고 계셨던 여러 스승, 선배 교수님들께서 한 장씩 맡아 초고를 쓰셨는데, 이구철·장회익 선생님의 원고는 역시 훌륭했고 나머지 원고도 대체로 내용은 좋았으나 구성과 표현, 특히 일관성에 부족함이 많았다. 몇 해에 걸쳐서 상당한 시간과 노력을 들여 이를 다듬고 몇몇 장은 아예 새로 쓰는 과정에서, 학과의 다른 업무를 줄여 달라고 요구도 해 보고, 그림을 그리고 연습문제를 만드는 일을 위해서 조교를 요청하기도 했으나 아무것도 허락되지 않았다. 그러다가 다른 원로 교수님께서 총괄 업무를 맡으시면서 빠르게 진행이 되었는데, 그 과정에서 내가 쓰고 다듬은 원고가 일부 변형되었지만 결국 『새내학물리 1』이라는 제목으로 출판이 되었다(이어서 내가 직접 관여하지 않은 『새대학물리 2』도 나왔다). 그동안 쓰던 영어 교과서와 달리 물리학의 의미를 강조하였고, 에너지와 엔트로피 등 전통적으로 부정확하게 기술되었던 개념을 바로잡았다. 기존의 교과서보다 내용은 훨씬 좋았다고 나는 생각하는데 어찌 된 일인지 몇 분을 제외하고 대부분의 교수님이 마땅치 않게 여기셨다. 결국 이 책은 잠시 교과서로 쓰이다가 버려지고 말았다. 익숙한 기존의 교과서와 설명 방식이 다르고 용어와 글자도 달라서 낯설었기 때문인 듯한데ㅡ학생들도 빛깔을 화려하게 입힌 영어 교과서를 선호하는 경우가 많았던 듯ㅡ아쉽고 안타깝게 생각한다.

여러 해가 지나 중견 교수가 되면서 연구 주제를 더욱 넓혔고, 흥미를 끌던 유리 성질, 최적화 문제, 가루의 특성, 결합떨개계의 때맞음 현상, 복잡그물얼개, 이온성 액체, 물의 상전이와 비평형 성질 등 매우 다양한 물질에서 복잡계 현상을 연구하였다. 사울레스 교수님의 조언과는 아예 반대 방향으로 간 셈이다. 한편 우주에 관한 공부를 접어서 아쉬움이 있었지만, 나이를 먹으면서 자연스럽게 우주보다는 생명에 관심이 훨씬 더 갔다. 이에 따라 생명을 복잡계의 떠오름 현상으로 보는 관점에서 다양한 생명 현상을 공부하기도 했다. 두뇌의 모형인 신경그물얼개 외에도 당뇨병과 관련해서 이자 베타세포β-cell의 인슐린insulin 분비 동역학을 꽤 자세히 다루었고, 세포막, 식물 잎 기공의 작동, 자가포식autophagy의 동역학도 연구하였다. 이러한 연구는 당시 리하이대학교Lehigh University의 홍종한 교수님, 카네기멜론대학교Carnegie Mellon University의 김형준 교수님, 워싱턴대학교의 고득수 교수님을 비롯한 연구자, 그리고 내가 지도하던 여러 학생과 활발한 협력을 통해서 이루어졌다.

세월이 계속 흐르고 이른바 원로 교수가 되어서는 연구 주제를 물질과 생명에서 사회까지 넓혔다. 보편지식을 추구하는 이론물리학의 대상으로 생명을 넘어 사회까지 확장한 것이다. 정보교류, 일반적인 뭇알갱이계에서 구성원들의 자라남growth, 퍼짐diffusion이나 열의 전도를 기술하는 열방정식heat equation, 퍼짐과 뭉침aggregation 등 물질 현상과 신경그물얼개, 자가포식, 사람의 움직임, 잠자기, 달리는 자동차 사이로 길 건너기 등 생명 현상의 연구를 계속 진행하였다. 장회익 선생님은 퇴직 후에도 계속 연구를 이어 가셨는데, 양자역학의 새로운 이해와 생명의 근원으로서 햇빛의 자유에너지에 대한 선생님의 연구를 도와 드리기도 했다. 이에 더해서 도시의 지형, 주식거래, 금융, 트위터에서 여론 형성, 교통그물얼개, 승객 흐름 등의 사회현상을 복잡계 관점에서 분석하였다. 이렇듯 제각각으로 보이는 물질, 생명, 사회의 현상을 복잡계라는 틀로 해석하고 통계역학의 방법을 써서 분석해 낸 결과는 다양성 가운데에서 보편성을 찾아낼 수 있음을 시사한다. 또한, 환원론이 아니라 속성의 떠오름과 계층적 존재론에 바탕을 둔 '통합과학'의 가능성을 제기한다. 이는 미시환원 microreduction의 입장에서 하나의 논리체계로 모든 대상을 설명하려는 '통일과학'과는 사뭇 다른, '통합적 사고'를 뜻한다.

사회현상의 연구는 주로 서울대학교의 최병선 교수님과 성신여자대학교의 이금숙 교수님, 연세대학교의 안광원 교수님, 그리고 생명 현상 연구는 성신여자대학교의 조명원 교수님과 인제대학교의 김종원 교수님, 한국과학기술연구원의 한경림 박사님을 비롯한 여러 학자, 그리고 내가 지도하던 학생들과 공동으로 이루어졌다. 특히 자라남, 퍼짐과 뭉침 등 몇몇 주제는 서울대학교 조정효 교수님과 독일 율리히연구센터 Forschungszentrum Jülich의 고세건 박사님, 그리고 프랑스 로렌대학교 Université de Lorraine의 포르탱 J. Y. Fortin 교수님과 공동으로 수행했는데, 그에 따른 몇 차례 프랑스 방문은 매우 즐거운 추억으로 남아 있다.

인문학,
통합의 관점

물질, 생명, 사회를 공부하다 보니 자연스럽게 인간으로 시야가 넓어졌다. 물리과학과 생명과학, 그리고 사회과학에 이어서 마지막으로 남은 인문학에 관심이 생긴 것이다. 최근 프랑스의 인문학자 라투르B. Latour가 "과학 없는 인문학은 원숭이 놀음에 불과"하다며 주장한 '과학적 인문학humanités scientifique'의 응답으로 나는 "인문학 없는 과학은 인공지능 놀음에 불과"하다고 말하면서 '인문학적 과학science humanités'을 제안하기도 했는데, 이는 통합적 사고의 지평을 더욱 넓혀서 통합과학에 인문학까지 포함한 '통합학문'을 모색하고 싶다는 뜻이다. 물론 통합학문은 모든 분야의 학문을 한 가지로 환원시키려는 '통일학문'이 아니다. 통합적 사고를 통해서 조각내기를 극복하고 결 맞은 온전함coherent wholeness을 추구하자는 의미이다.

이러한 생각을 하게 된 데에는 학창 시절의 영향이 컸다고 생각된다. 고등학교에 입학했을 때 제2 외국어로 독일어와 불어(프랑스어) 중 하나를 선택해야 했고, 자연계 진학을 염두에 둔 대다수 이과 학생과 마찬가지로 나는 독일어를 택했다. 그러나 학급별 인원수를 맞추느라 나는 불어를 택한 소수의 학생과 같은 반에 배정이 되었는데, 돌이켜 보면 이는 커다란 행운이었다. 불어를 선택한 문과 학생들은 상대적으로 '자유로운 영혼'을 지녔고, 인문학에 관심이 많았다. 나는 고등학교 시절에 이어 전공이 완전히 달라진 대학 시절에도 그들과 늘 어울렸고, 문학과 예술, 철학, 역사와 사회에 대해 함께 공부하며 이야기를 깊게 나누었다. 반세기가 지난 지금까지도 가장 가까운 동무로 지내고 있는데, 내가 자연과학을 넘어서 사회와 인간에 대해 통합적 관점을 갖게 된 자양분이 되었다. 이러한 기회가 없었다면 아마도 대부분의 학자와 마찬가지로 문과와 이과라는 이분법 틀에 갇혀서 전문인 또는 기능인으로서의 좁은 사고를 벗어나지 못했을 것이다.

이에 따라 장회익 선생님께서 만들어 놓으신 '과학사 및 과학철학 협동과정'(2022년에 대학원 과학학과로 바뀌어 커졌다)의 겸무 교수를 맡았고 사회 활동도 하게 되었다. 과학철학 협동과정에서 '자연과학기초론' 강의를 몇 차례 맡으면서 그 내용 일부와 '물리학의 개념과 역사'라는 교양 강의 내용을 정리해서 『최무영 교수의 물리학 강의』라는 제목의 책으로 출간하기도 했다. 일반적인 물리책과 달리 통합적 사고를 담으려 노력했는데 그런대로 좋은 평을 받아서 기쁘게 생각한다. 특히 양자·정보·생명 연구모임에 참여하면서 양자역학의 해석뿐 아니라 정보와 생명, 앎과 삶 등 근원적인 주제에 대해 중요한 철학적 견해들을 접할 수 있었고, 융합연구모임에서 언어와 예술, 인간과 사회에 대해 배우는 기회를 얻었다.

사회 활동으로는, 서울대 민주화교수협의회 의장을 하면서 특히 용산 참사와 4대강 사업의 논점을 살폈던 일, 그리고 탈핵교수모임 공동의장을 맡았을 때의 활동이 기억에 남는다. 그런가 하면, 교육의 왜곡에서 비롯된 문제들을 해결하고자 하는 시도로서 장 선생님과 함께 '국립대학교 통합안'을 공동으로 발의했다가 비난을 받기도 했다. 하지만 그로부터 20여 년이 지난 지금까지도 그와 비슷한 의견이 계속 나오는 것을 보면, 아직도 그 제안은 유효하다고 믿는다.

돌이켜 보니 대학 1학년 시절에 주장한 '과학의 인간화'를 좇아서 결국은 장회익 선생님의 길을 그대로 따르게 된 셈이다. 수운 최제우 선생의 동학사상에 언급된 '무위이화無爲而化', 그리고 '불연기연不然其然'이라는 글귀처럼, 의도하지는 않았으나 자연스럽게 또는 필연적으로 그렇게 되었다.

통합적 사고의 틀로서 복잡계와 정보의 관점이 적절하다는 생각에서 몇 가지 인문학 연구를 시도하기도 하였다. 구체적 보기로서 생명현상의 철학적 의미를 정보의 관점에서 해석하였고, 언어학자 최인령 박사님과 함께 "과학은 상상을 상식으로 만들고, 예술은 상식에서 상상을 얻어 낸다"라는 전제에서 프랑스의 시인 베를렌P. M. Verlaine의 시를 분석하기도 했다. 장회익 선생님은 그동안 생명의 본질과 관련해서 생명의 기본 단위가 무엇인지 깊이 고찰하셨고, 결국 하나의 개체로서의 생명, 곧 '낱생명'은 다른 낱생명에 환경을 합한 '보생명'과 함께 해야 생명으로서 기능을 수행할 수 있다는 사실로부터 진정한 생명의 단위로서 지구라는 생태권과 그 근원인 해를 포함한 '온생명' 개념을 주창하셨다. 역시 수운 선생의 '동귀일체同歸一體'가 떠오르는데, 나는 이러한 온생명 개념을 문화로 확장한 '온문화', 그리고 '떠오름교육'을 제안하였다. 떠오름교육은 개인 층위에서 창의성, 사회 층위에서 협력과 집단지성의 떠오름을 이루어 내는 '떠오름사람Homo emergens(創發人)'을 길러 내어 궁극적으로 온생명의 관점에서 온문화를 인식하고 나아가 '온의식'이 떠오르도록 이끄는 것을 목표로 한다. 나아가 모든 학문은 주체이자 객체로서의 인간을 향해 있고 따라서 물리학도 인문학의 한 갈래라는 결론에 이르렀는데, 이러한 시도가 인정을 받아서인지 영예롭게도 서울대 인문대학에서 주관하는 암곡학술상을 받았고, 수상 강연의 내용을 『과학, 세상을 보는 눈: 통합학문의 모색』으로 출간하였다.

아울러 2021년 한글날에 즈음해서 토박이말로 된 갈말(학술어)에 대한 강연을 요청받은 김에 관련된 기억을 언급하려 한다. 서른 해 전에 한국물리학회에서 물리학 용어를 다듬고 정리하는 '용어심의위원회'를 새로 구성하였다. 젊은 교수였던 나는 마침 위원장을 맡으신 이구철 선생님을 도와 드리며 활동하게 되었다. 될 수 있으면 우리 토박이말을 쓴다는 원칙을 세우고 네 해 동안 두 차례 합숙을 포함해서 무려 서른여덟 차례의 회의와 공개설명회를 거치고, 800여 회원의 의견을 받아 참고해서 1만 2500개의 용어를 수록한 '물리학용어집'을 발간하였다. 많은 시간과 노력을 들였고, 일본식 한자어 대신에 떠오름, 에돌이, 빛알, 겹실틈, 껴울림, 쪽거리, 끝돌이 등 토박이말 용어를 제시하였다. 그러나 『새대학물리 1』에 이러한 용어를 쓴 사실이 그 책이 버려지는 데 중요한 이유가 되었으며, 몇 해 지나지 않아서 한국물리학회도 상당 부분 뒷걸음쳤다. 매우 안타깝게 생각한다. 복잡계를 유지하려면 상호작용, 곧 정보교류가 매우 중요한데, 사회에서는 말과 글에 의한 소통에 해당한다. 그런데 한자는 뜻글자이지만 우리는 뜻으로 읽지(훈독) 않고 소리로 읽으므로(음독) 우리 말의 표기에 맞지 않아서 이해를 가로막고 소통에서 그에 따른 한계에 맞 닥뜨리게 된다. 첫 단추를 잘못 끼운 탓에 생겨난 문제점을 계속 그대로 물려주게 되는 듯해서 아쉽다.

자연을 이해하고 해석하려는 물리학은 우리가 자신을 올바르게 볼 수 있는 길을 찾아서 삶의 의미를 되새기게 해 주고, 살아가면서 다양 하게 만나는 문제에서 스스로 방어할 수 있도록 도와준다. 물질과 생명, 사회, 그리고 인간을 모두 포함한 세상을 넓고 깊게 보도록 해 주는 눈으 로서 물리학을 배우고 익히며 지금까지 살아올 수 있었던 것은 큰 행운이 었다. 이를 가능하도록 도와주신 분이 너무 많아서 일일이 열거할 수 없 으나 중학교 시절부터 대학 때까지 이끌어 주신 스승님, 연구를 함께 수 행하고 배움의 길을 함께한 선후배 연구자, 그리고 지도했던 학생을 비롯 해 가르침을 주고받은 모든 분께 다시금 깊은 고마움을 전한다.

그런데 한편으로 서구에서 발전해 온 과학은 자연스럽게 '물질과 정신'이라는 서구 철학의 이원론에 바탕을 두고 있어서, 이로부터 여러 근원적 문제가 생겨난다. 따라서 과학의 토대로서 이원론에 대한 비판적 성찰이 필요하다. 나는 이원론을 넘어서려는 모색으로 정보 개념에 관심을 기울이게 되었고, 최근에는 우리의 전통 사상, 특히 노자철학과 동학 사상을 접하게 되었다. 앞으로 이를 통해서 자연현상의 해석으로서 물리학을 새로운 토대에서 구성할 수 있지 않을까 기대한다.

언제부턴가 '꿈'은 자연스럽게 생기는 것이 아니라 애써 찾고 계획해야 하는 것이 되었습니다. 요즘은 중·고등학생은 물론이고 초등학생도 직업을 탐구하고 진로를 탐색합니다. 하지만 오히려 꿈이 없다고 말하는 청소년이 많아진 건 어찌 된 일일까요?

사실 학과를 정하고 대학에 가서도 '무엇을 할 것인가?' 하는 고민은 끝나지 않습니다. 학업을 마치고 취업을 한 뒤에도 때때로 이 길이 맞나 의심하며 흔들립니다. '무엇을 할 것인가?'는 직업에 관한 질문이기도 하지만 삶에 대한 물음이기도 하기 때문입니다. 그런데 무엇을 할 때 즐거운지, 어떤 것에 호기심이 생기는지, 어떻게 살고 싶은지를 느끼고 생각할 겨를도 주지 않고, 일찍부터 무엇이 될지 정하고 그것을 위해 준비하라고 채근하고 있는 건 아닌지….

하여, 청소년들이 자신만의 속도로 자기 길을 찾을 수 있게 응원하고, 참고할 수 있는 책을 만들고 싶었습니다.

『그렇게 물리학자가 되었다』는 그렇게 시작되었습니다. 이 책을 쓴 다섯 명의 물리학자는 연구 분야도 다르고, 나이도, 성별도, 학부를 마친 대학도 다릅니다. 박사과정을 밟은 나라도 대한민국, 일본, 독일, 미국으로 다양합니다. 하지만 모두 대한민국에서 나고 자랐습니다. 초등학교와 중·고등학교, 학부와 석사과정도 국내에서 마쳤습니다. 우리의 현실과는 동떨어진 역사 속 위인이나 먼 나라의 인물이 아닌, 우리와 함께 살아온 저자들은 '어떻게 물리학자가 되었나'라는 질문에 현실적이고 솔직한 답변을 들려주었고, 신화화되지 않은 과학자의 삶을 이야기해 주었습니다.

과학자, 특히 천재의 학문으로 알려진 물리학을 평생의 업으로 하는 물리학자라면 일찌감치 길을 정하고 매진했을 거라 생각하기 쉽습니다. 하지만 저자들의 이야기를 들어 보면 꼭 그렇지만도 않습니다. 어릴 때부터 과학을 좋아하고 잘해서 자연스럽게 과학자가 된 예도 있지만, 어쩌다 보니 물리학을 공부하게 된 경우도 많았습니다. 타고난 재능을 자산으로 그 재능이 가리키는 곳을 따라 확고한 길을 걸으며, 단지 하나의 직업을 넘어 원대한 학문적 성취를 꿈꾸었을 것 같은 물리학자들조차 망설이고 의심하고 고민했다는 사실은 위안을 줍니다. 길 찾기는 원래 어려운 일이라고, 조급해하지 말라고 말하는 것 같습니다.

물리학은 다양한 자연현상 속에 숨어 있는 보편 원리를 발견하는 학문입니다. 물리학자들의 서로 다른 길 찾기 속에서 어쩌면 여러분은 길 찾기의 보편 원리를 발견할지도 모릅니다. '진로 찾기의 물리학'이 탄생하는 순간입니다.

끝으로, 기획 의도에 공감하여 기꺼이 참여해 주시고, 기억을 짜내고 옛 사진과 기록을 들춰 가며 내밀한 이야기를 진솔하게 들려주신 저자 분들께 깊이 감사드립니다. 재치 있는 추천사로 책 출간의 의미를 짚어 주신 한정훈 교수님께도 감사합니다.

펴낸이 **이희주**

에미 뇌터 그녀의 좌표

에두아르도 사엔스 데 카베손 지음 | 김유경 옮김 | 김찬주·박부성 감수

현대 추상 대수학의 개척자이자 이론물리학의 선구자!
에미 뇌터 탄생 140주년, 국내 첫 전기 출간!
"뇌터 여사는 역사상 가장 위대하고 창의적인 여성 수학자였다."
_아인슈타인

"에미 뇌터를 중심으로 여러 여성 수학자의 삶과 업적을 돌아보는 일은, 단순히 수학
사에서 여성의 역할을 복원하는 것 이상의 의미가 있습니다."
_ 김찬주(이화여자대학교 물리학과 교수)

- 과학책방 '갈다' 주목 신간
- 예스24 과학MD 추천도서
- 한겨레신문 '정인경의 과학
  읽기' 추천도서

태양계가 200쪽의 책이라면

김항배 지음

"거대한 태양계를 한 권의 책에 오롯이 담았다. 이것은
비유가 아니다. 책을 읽는 동안, 페이지가 된 공간을 지나
삽화가 된 행성을 둘러보며 색다른 우주여행을 즐기게 된다.
기발한 기획과 탄탄한 내용의 멋진 책이다."
_ 김상욱(경희대학교 물리학과 교수)

"정보를 얻기 위한 목적으로 읽기에도 좋지만 지구를 떠나 위로받고 싶은
독자에게도 추천한다. 현실로부터 멀어져 아득해지는 기분이 썩 좋다."
_ 김경영(알라딘 과학MD)

- 제61회 한국출판문화상 편집 부문 본심
- 행복한 아침독서 '이달의 책'
- 경기중앙도서관 추천도서
- 책씨앗 '좋은책 고르기' 주목 도서
- 과학책방 '갈다' 주목 신간
- 고교독서평설 편집자 추천도서

원병묵 교수의 과학 논문 쓰는 법

원병묵 지음

학위 과정 동안 연구 방법 못지않게 논문 쓰는 법을 배워야 한다!
국제 학술지에 80여 편의 논문을 발표하고, 네이처 자매지인
《사이언티픽 리포트》 편집위원을 지낸 성균관대 원병묵 교수의 쉽고
친절한 과학 논문 쓰기 안내서. 전공 불문, 당장 논문을 써야 하는
학생과 연구자, 논문 쓰기를 지도해야 하는 교수들에게 요긴한 책이다.

"논문 작성의 시작부터 단락마다 고려할 사항들을 단계별로 꼼꼼하게 짚어 주고 있어
1:1 맞춤 과외를 받으며 논문을 쓰는 기분이다."
_유보람(베를린대학교 물리학과 석사 과정)교수)

"조금 더 빨리 이 책을 접할 수 있었더라면, 얼마나 좋았을까!"
_정성목(교토대학교 의과대학원 박사)

"자유 주제의 산출물 보고서나 과학탐구 보고서를 작성해야 하는 중·고등 학생들에게
도 유용한 책이다." - 김미영(가천대학교 과학영재교육원 주임 교수)

- 연세대, 한림대, 서울대,
  울산대, 부산대,
  제주대, 한국약제학회,
  현대경제연구원 등에서
  저자 초청 강연

이제라도! 전기 문명

곽영직 지음

전기 없인 못 살지만 전기는 모르고, 스마트폰은 늘 쓰지만 전자기파는 모른다? AI를 만나기 전에, 4차 산업혁명을 논하기 전에, 이제라도! 전기 문맹 탈출!

"전자기학의 기본 이론에서부터 전자공학의 최신 기술에 이르기까지 과학과 기술의 많은 내용을 다루면서도 흡사 소설처럼 술술 익히고 흥미롭게 전개되어 전공 분야 교수인 필자조차 읽는 내내 '아!' 하면서 머릿속의 상식이 하나씩 늘어 가는 즐거움을 느낄 수 있었다." _ 정종대(한국기술교육대학교 전기전자통신공학부 교수)

• 책씨앗 청소년 추천도서
• 과학책방 '갈다' 주목 신간

냄새: 코가 뇌에게 전하는 말

A. S. 바위치 | 김홍표 옮김

냄새와 후각의 본질을 과학적, 철학적, 역사적, 심리학적으로 본격 탐구한 책!

"〈기생충〉의 후반부에서도 드러나듯 인간의 기억이나 감정, 집단적인 무의식을 가장 강력하게 뒤흔드는 것이 바로 냄새-후각이다. 이 책은 그토록 위력적인 냄새의 본질을 깊이 있게 파헤친 흥미로운 역작이다!" _ 봉준호(영화감독)

"냄새 지각, 행동과 감정을 이끄는 후각의 의식적 무의식적 영향, 그리고 우리가 어떤 냄새를 어떻게 맡는지 결정하는 신체적 행동적 세부사항에 대한 풍부한 정보와 논의를 담았다. 이를 통해 후각의 심리학에 대한 폭넓은 통찰력을 제공한다." _ 사이언스

"활기차다! 정통 학자의 신뢰할 만한 역작! 소외되었던 냄새와 후각의 지위를 회복하는 책." _ 월스트리트 저널

"특별한 책이다. A. S. 바위치는 실험을 통해 과학적으로 확인하고 역사에서 정보를 취하면서 철학을 한다. 이 책은 후각에 관해 많은 것을 가르쳐 주며, 철학에 대해 더 많이 가르쳐 준다." _ 타임스 문예부록

• 교보문고 '작고 강한 출판사의 색깔 있는 책' 선정
• 과학책방 '갈다' 주목 신간
• 경향신문, 한겨레, 교수신문, ibric 등 언론의 주목

식물 심고 그림책 읽으며 아이들과 열두 달

이태용 지음

반려식물이라는 말을 널리 알린 원예교육가 이태용의 에세이! 식물이 주는 기쁨과 위로, 그리고 식물 심고 그림책 읽으며 남자 어른이 만난 '어린이라는 세계'.

도시인의 하나인 나는 반성과 함께 경탄을 거듭했다. 가정에서, 유치원이나 학교에서 꼭 한 권씩 비치하고 수시로 참조하면 좋겠다. 책에는 원예의 역사와 여러 나라의 원예 문화, 풀과 나무와 꽃이 인간에게 주는 기쁨도 담겨 있다. 마음에 상처가 있거나 소외감을 느끼던 아이들이 원예 활동을 하면서 스스로 마음을 여는 모습은 가슴 뭉클하다. _엄혜숙(그림책 전문가, 번역가)

• 국립중앙도서관 사서 추천도서
• (사)어린이와작은도서관협회 추천
• 교보문고 '작고 강한 출판사의 색깔 있는 책' 선정